笹岡正俊・藤原敬大［編］

誰のための熱帯林保全か

現場から考えるこれからの「熱帯林ガバナンス」

新泉社

目次

序章

現場から考える「熱帯林ガバナンス」のあり方

周縁化された「草の根のアクター」の視点から

I　誰のための「熱帯林ガバナンス」か

II 認証制度が現場にもたらしたもの

第四章 大規模アブラヤシ農園のRSPO認証取得と取り残された労働者たち

第六章 「住民との同意」は本来の目的を果たせるのか

コラムD 環境・社会リスクの高い熱帯木材の利用をなくすために

VI 土地支配の強化のなかで

生きる営みが「違法」とされていく人びと

第八章　カンパール半島における土地支配の強化と再生産される「違法伐採」

■原田　公

ブックデザイン……藤田美咲
カバー表・裏 写真……笹岡正俊
カバー袖 写真……笹岡正俊
藤原敬大
浦野真理子
本扉・表紙写真……笹岡正俊

誰のための熱帯林保全か

現場から考えるこれからの「熱帯林ガバナンス」

序章

現場から考える「熱帯林ガバナンス」のあり方

周縁化された「草の根のアクター」の視点から

▣笹岡正俊

1 はじめに――「熱帯林ガバナンス」とは

これからの熱帯林ガバナンスはどうあるべきか。また、それを実現するためには何が必要なのか――。それが、この本で私たちが議論したい中心的なテーマである。

熱帯林(とその土地)は、さまざまな主体が多様な価値を見出し、それらがせめぎ合っている場である。例えば、アブラヤシ農園企業や木材企業にとって、そこはパーム油や合板・紙パルプ原料の生産の場であり、それを通じてそれら熱帯産品の需要を満たしたり、雇用の場を提供したりすることを可能にする重要な生産基盤である。一方、熱帯林を多様な生物の生息地として、あるいは、気候変動を抑止するための大切な炭素貯蔵庫と考えている研究者や環境NGO、市民らにとって、熱帯林は守られるべき貴重な生態系とみなされている。また、熱帯林に存在するさまざまな資源を利用したり、そこで農業を行ったりしてきた地域の人びとにとっては、そうしたマクロレベルでの経済的価値やグローバルな環境保全上の価値よりも、自分たちと子孫の暮らしを支える場としての価値が何よりも重要であるに違いない。このように、さまざまな主体が熱帯林やその土地から引き出そうとしている価値は多元的だ。しかも、ある主体がある価値の実現を図ろうとすると、別の価値の実現が損なわれてしまうといったトレードオフの関係にあることがしばしばである。

以上のように、ある環境をめぐって、時に相対立する多様な価値が存在するなかで、さまざまな利害関係者(ステークホルダー)――その環境がどうあるのか、また、その環境をどう使うのかによって影響を受ける人びと――が協議を行い、一定の一致点を見出しながら「望ましい」管理に向けて協働していくことが必要だと、多くの人が考えるようになってきている。こうした多様な利害関係者の協働のあり方は、一般に「環境ガバナンス」と呼ばれている[脇田 2009]。

「環境ガバナンス」という用語が広く用いられるようになったのは、立法や行政という手段によって、政府がいわば上から権力を行使して環境を統治するという方法に替わるものとして、多様な主体が水平的な関係を築き、話し合いに基づいて、環境の利用に伴って生じるさまざまな問題にともに対処していくことが必要だという考え方が浸透した一九九〇年代以降のことだ。

この本のサブタイトルにある「熱帯林ガバナンス」も、この大きな流れの中で現れてきた。熱帯林に対して多様な主体がさまざまな価値を見出すなかで、熱帯林が今もたらしている種々の恵みをこれからもずっと享受できるようにしていくことが大事であるという考えは、いまや社会の共通認識となっている。また、その恵みを特定の人びとが独占的に利用し、他の人たちの暮らしが壊されたり、基本的な権利が踏みにじられたりすることがあってはならないということも、いまや多くの人が認めているところだ。そうした、社会的に公正で持続的な熱帯林の利用と管理を達成するために、さまざまな利害関係者(地域住民、私企業、NGO、政府組織など)が、時に対立しながらも協働していくプロセスを、この本では「熱帯林ガバナンス」と呼ぶ。

熱帯林ガバナンスは、歴史的にみると、国立公園など保護地域の管理をいかに効果的かつ社会的に公正な形で行っていくかという文脈と、森林開発をいかに環境的にも社会的にも問題のないものにしていくかという文脈の中で展開してきた[笹岡 2019]。本書が焦点を当てるのは、後者の文脈の中で展開されてきたガバナンスである。より具体的にいえば、熱帯地域で原料が生産され、それを用いてつくられる製品が国境を越えて世界各地で消費されている、いわゆる「グローバル商品」としてのパーム油と木材製品(主として紙製品)の生産を問題のないものにしていくための熱帯林ガバナンスのあり方だ。

これらの熱帯産グローバル商品を産出する国はいくつもあるが、この本では東南アジアの中でも最も大面積の熱帯林が存在し、世界屈指のパーム油と紙製品の生産国の一つであるインドネシアの事例を取り上げる。

まずは、インドネシアの森林開発がどのような問題を引き起こしてきたのかを簡単にみておこう。

2 森林開発はどのような問題を引き起こしてきたか

インドネシアの国土は、国有林(hutan negara)、非国有林/権利林(hutan hak)、他用途地域(APL：areal penggunaan lain)、および、その他の私有地、コミュニティ保有地に区分されている。これらのうち、国有林はその土地が発揮する主要な機能に応じて、生産林(さらに恒久生産林、制限生産林、転換生産林に分かれる)、保護林、保全林に区分されている[Rakatama and Pandit 2020]。このうち、産業造林(産業用の材をとるための森林造成)(写真0-1)を行うことが可能なのは生産林(国有林の約六割)である[藤原ほか 2015]。一方、企業がアブラヤシ農園開発(写真0-2)を行うことが可能なのは他用途地域である。これらの事業は、いずれも「コンセッション方式」で進められている。つまり、土地に対する最

写真0-1 産業造林地(2019年8月, 南スマトラ州)
撮影:筆者

写真0-2 アブラヤシ農園
(2014年3月, リアウ州プララワン県)
撮影:筆者

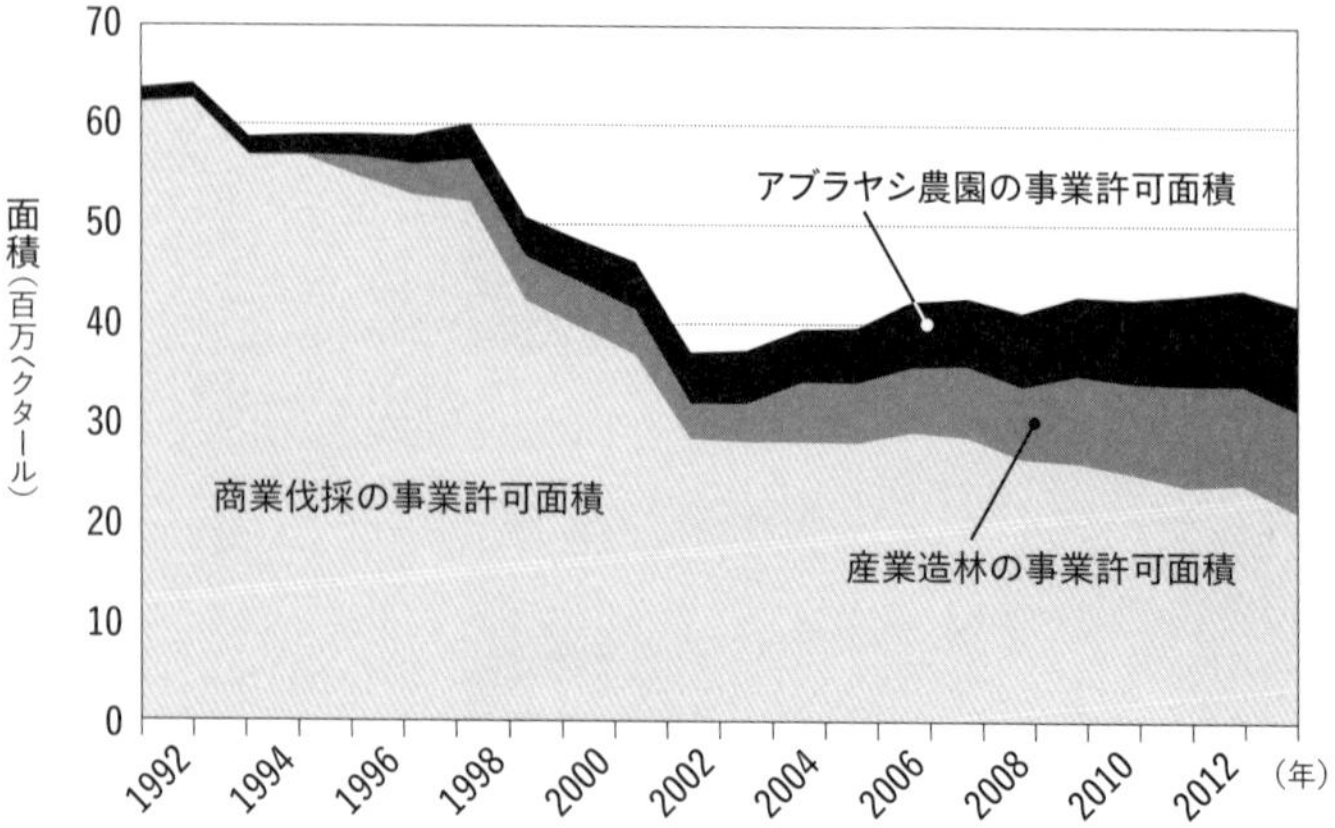

図0-1　インドネシアにおける事業許可面積の推移
出所：Forest Trends et al.［2015］

終的な管理権は国が有し、一定の基準を満たした企業に対し、一定の期間、国が事業権を付与するというやり方である。

図0-1はアブラヤシ農園開発、産業造林、合板原料になる樹木を抜き切りする商業伐採の事業許可面積の推移を示したものだ。それが示すように、商業伐採の事業許可面積が減少する一方、産業造林とアブラヤシ農園のそれは一九九〇年代半ばから増え始め、二〇〇〇年代に入り急増している［Forest Trends et al. 2015］。

その過程では次のような問題が引き起こされてきた。一つは、生物の多様性の消失である。生物多様性というのは、種の中の遺伝的な多様性、種の多様性、および生態系の多様性、そして、生物と環境や生物間の相互作用の多様性をひっくるめた概念で、それらがさまざまな変異を含み、多種多様であることを指す。生物の多様性は、生態系から得られるさまざまな恵み（「生態系サービス」と呼ばれる）——食物など生活に必要な原料、医薬品開発に不可欠な遺伝子資源、気候・洪水・病害虫制御などの生態系のプロセスの制御により得られる利益、レクリエーションなど非物質的利益——を、人間が持続的に享受できる状態を保つためになくてはならないものである。アブラヤシ農園造成や産業造林は、熱帯の天然林を特定の樹種からなる人工林に変えてしまうので、生物の多様性を消失させる。

写真0-3　泥炭地に造成されたアブラヤシ農園
（2014年，リアウ州プララワン県）
撮影：筆者

もう一つは、主に泥炭地の開発に伴う、大量の二酸化炭素の放出による気候変動の問題である。泥炭地というのは、水浸しのところに植物の遺骸が分解されずに堆積した層（泥炭層と呼ばれる）がつくられた土地のことである。インドネシアには広大な泥炭地が存在する。そこは、これまで開発の手があまり及ばなかった土地であった。しかし、近年になって大規模なアブラヤシ農園やパルプ原木（アカシアやユーカリ）生産用の植林地が造成されるようになった（**写真0-3**）。地下水位が高いとアブラヤシやアカシアやユーカリの育ちが良くない。そのため、アブラヤシ農園企業や産業造林企業は、カナルと呼ばれる明渠《めいきょ》を格子状に掘って排水させ、そこにアブラヤシやパ

写真0-4　泥炭地の排水のために掘削された明渠
（2014年3月, リアウ州プララワン県）
撮影：筆者

ルプ原木を植える（写真0-4）。地下水位を下げた段階で、泥炭層の有機物が分解されるので、そこから大量の二酸化炭素が出る。また、長引く乾季に何らかの要因で泥炭層に火がつくと、大規模な森林火災に発展することも珍しくない。近年、インドネシアでは毎年のように乾季に森林火災が起き、それによっても大量の二酸化炭素が大気中に放出されてきた。これが気候変動を促進し、自然災害が頻繁に起きたり、農作物の生育に悪影響を及ぼしたり、マラリアをはじめとする疾患が増えたりすることが懸念されている。また森林火災によって生じる煙が、深刻な健康被害を引き起こしてもきた。

以上の問題に加えて、アブラヤシ農園事業や産業造林事業は、住民との土地紛争を引き起こしてきた。広大な土地を囲い込んで農園を造成したり、植林したりすることで、従来営んできたような林産物利用や農業が行えなくなる人たちもいる。また、アブラヤシ農園や産業造林地で除草剤が撒かれたりすることによって、河川が汚染され、漁撈ができなくなることもある。そうしたことから、各地で土地をめぐって企業と住民との争いが生じた（第一章・第六章）。また、アブラヤシ農園では、農園労働者が低賃金で過酷な労働を強いられたり、強制労働や児童労働が行われたりしていることが指摘されている(第四章)。

3 熱帯林ガバナンスはどのように形づくられてきたか

インドネシアにおける森林開発の現場で起きてきた、こうした環境や人権に関わる問題に対処するための制度や考え方が、一九九〇年代以降、徐々に形づくられていった。それらにはさまざまなものがあるが、本書で取り上げるトピックとの関わりの中でとくに重要なのは、①国際資源管理認証、②「自由意思による、事前の、十分な情報に基づく同意(FPIC:Free, Prior and Informed Consent)」の原則、③企業の「自主行動方針」である。以下、順にみていこう。

まずは国際資源管理認証についてである。これは、製品の原料生産や製品製造の過程で、自然環境を壊していないか、先住民や地域住民や労働者の人権を損なっていないかなどを、独立した認証機関が審査を行い、定められた「基準」を満たした製品にそのことを示すラベルをつけることを許す制度である。基準は認証制度を運営する非営利の国際団体が策定する。基準の中身は国が定める法律よりも厳しいのが普通だ。認証制度の狙いは、原料や製品を購入する企業や個々の消費者が問題のない形で生産されたものを選択的に購入することができるようにすること、そしてそのことにより、認証を得た企業に対して市場での優位性を与えることである[大元ほか編 2016]。

木材を対象とした認証制度としては、国際的な環境NGOである世界自然保護基金(WWF)と複数の企業の協働のもと、「森林管理協議会(FSC:Forest Stewardship Council)」が一九九三年に設立された（第二章）。この団体が運営する認証制度はＦＳＣ認証と呼ばれている。また、ＦＳＣ認証と並ぶ国際森林認証制度である「ＰＥＦＣ森林認証プログラム（Programme for the Endorsement of Forest Certification）」が一九九九年に設立された。パーム油については、ＷＷＦやパーム油生産企業や生産者団体などが中心となり、「持続可能なパーム油のための円卓会議（ＲＳＰＯ：Roundtable on Sustainable Palm Oil）」が二〇〇四年に設立されている（第三章・第四章）。後述する企業の自主行動方針では、認証制度の活用が重要な項目になっている。

二つ目のＦＰＩＣの原則は、今日の熱帯林ガバナンスにおいて、欠くことのできない重要な指針の一つになっている。その基本的な考え方は、開発事業によって影響を受ける人びとが、事前にその事業について十分な情報を得たうえで、強要されることなく、自らの自由な意思に基づいて、その事業に同意するか否かを決める、というものだ（第五章・第六章）。

ＦＰＩＣの権利を法律で定めている国も少数ながらあるが、インドネシアを含め多くの国において、ＦＰＩＣの実施を確実なものにするための法制度は十分には整備されていない。そうしたなか、環境ＮＧＯや人権団体などは、開発事業の影響を受ける先住民や地域住民から自発的にＦＰＩＣを取得するよう事業主に求めてきた。現在ではさまざまな組織が、ＦＰＩＣの手続きに関するガイドラインを定めている。ＦＳＣ認証もＲＳＰＯ認証も、ＦＰＩＣに関する認証基準を設けているし［McCarthy 2012］、次に述べる企業の「自主行動方針」においても、ＦＰＩＣは土地や資源をめぐる争いを回避するための重要な手段として位置づけられている（第五章）。

三つ目の、企業の自主行動方針は、「企業の社会的責任（ＣＳＲ：Corporate Social Responsibility）」――

企業の意思決定や事業活動が社会と環境に及ぼす影響に対する責任――を果たすために、企業自らが守るべきルールをまとめた誓約事項のことである。近年、あらゆる業種の企業が自主行動方針(「CSR方針」と呼ばれることもある)を定めることが多くなっている。(1)インドネシアの紙パルプ業界やアブラヤシ業界でも同様の動きがみられる。二〇一〇年代初頭以降、インドネシアの代表的な大手紙パルプ企業やアブラヤシ企業が、事業が引き起こしてきたさまざまな環境・社会問題に対して、環境NGOをはじめとする市民社会からの批判に応える形で自主行動方針を策定、公表している。例えば、インドネシア屈指の製紙メーカーであるアジア・パルプ・アンド・ペーパー(APP:Asia Pulp and Paper)社は、二〇一三年に森林保全や社会紛争解決などに関する誓約事項である「森林保護方針(FCP:Forest Conservation Policy)」を打ち出しているし、APPに次ぐ製紙メーカー、エイプリル(APRIL)社も、二〇一四年に同様の内容の「持続的森林管理方針(SFMP:Sustainable Forest Management Policy)」(二〇一五年に改訂)を公約している。アブラヤシに関していうと、インドネシアで第三位の生産規模を持つインドフード・アグリ・リソーシーズ社(通称「インドアグリ社」:Indofood Agri Resources Ltd.)が、二〇一三年と二〇一四年にそれぞれ「持続可能なパーム油方針」と「パーム油調達方針」を策定している(これら二つの「方針」は二〇一七年に改訂、統合され、「インドアグリ・持続可能なパーム油方針(IndoAgri Sustainable Palm Oil Policy)」になった)。

先述のとおり、これらの企業は自らが定めた自主行動方針の中で、認証制度を活用すること、および、新規事業を開始する場合にはFPICを取りつけることを公約している。また、そうした企業の中には、自らが定めた誓約事項を守っているかどうかを環境NGOのような第三者が監視・評価することを定めているものもある。さらに、誓約事項を守っていない事実を発見した者が苦情を申し立てることができ、企業は寄せられた苦情が事実に基づく妥当なものかを第三者を交えて検証しなくてはならないとする「苦情申立・検証制度」を設けたりしているものもある（第一章）。

このように、この三〇年の間に、さまざまな制度が形づくられてきた。パーム油と木材製品の生産を問題のないものにしていくための今日の熱帯林ガバナンスは、これらの制度によって支えられ、動いている。

こうした熱帯林ガバナンスの進展によって、紙パルプ企業やアブラヤシ企業は、かつてのように保全価値の高い森林を伐採したり、泥炭地の管理を怠ったり、土地紛争の解決の手段として抑圧的な手段（事業地から人びとを強制的に追い出すなどの方法）をとったりすることが、あからさまにはやりにくくなった。また、そのサプライチェーン（原料生産、原料調達、製品製造、流通、販売といった、ある製品が、その原料生産者から最終消費者に届くまでのつながり）を構成する製品購入企業も、環境や人権といった価値を無視することはできなくなった。そうした意味で、この動き自体は歓迎すべきことである。

4 本書の立場と目的——周縁化された「草の根のアクター」の視点から考える

しかし、熱帯林開発の現場を歩き、そこに生きる人たちの声に耳を傾けてゆくと、さまざまな問題が存在していることに気づかされる。とくに、熱帯林ガバナンスの行方によって最も直接的で深刻な影響を受ける存在でありながら、ガバナンスのあり方をめぐる意思決定に影響を与えることが難しい人びとが直面している問題は、こうして、ガバナンスを動かしていくための道具立てが整備された後も、依然として放置されたり、温存されたりすることが少なからずある。例えば、社会紛争の責任ある解決を誓約事項に含む自主行動方針を宣言した産業造林企業が、土地の帰属（どこを企業の事業地に、どこを住民の土地とするのか）を決める境界画定作業を何年にもわたって延期し続け、紛争が長期化していたり（第一章）、FPIC原則の採用を謳った事業が、実際は住民に事業計画を伝える中でFPICという概念を紹介しただけで、きちんとした同意を得ないままに進められていたり（第五章）、といったことが起きている。

しかも、こうした現場で起きている「本当のこと」は、私たちの目に見えにくい。それには、今日の熱帯林ガバナンスの次の特徴が深く関わっている。[2]

第一に、今日の熱帯林ガバナンスでは、NGOや私企業や認証制度を運営する団体などの民間組織がガバナンスの行方を左右する重要な役割を果たしている。これは、単に民間組織の発言権が増したということだけでなく、これまで政府組織が行ってきた「ルールをつくり、運用する」という役割を、民間のアクターが中心になって担うようになったということをも意味する。

そのことと関わるが、第二に、今日の熱帯林ガバナンスは市場メカニズムに強く依拠するプロセスだということである。企業が自主行動方針をきちんと守るかどうかは（また、「方針」の誓約事項に含まれる、認証取得をきちんと行うかどうか、FPIC原則に従うかどうかは）、企業の裁量に任されており、そこには法的強制力がない。それを守らなくても公権力から制裁を加えられることはない。しかし、守らなければ、購買者（製品を購入する企業や最終消費者）が製品を購入しなくなったり、投資家が投資を行わなくなったりする可能性がある。そのことが、これらのルールに従わせる動因になっている。つまり、ガバナンスが掲げる目標は市場メカニズムを通して達成されることが想定されている。

そして第三に（ここでの議論ではこれが一番大事な点だが）、そうした市場駆動型の仕組みで動いているガバナンスであるがゆえに、ガバナンスに関わるアクターの行為やその影響について、どのような情報が世間に提供されるかが、アクターたちの利害を大きく左右する、という点である。つまり、どのような情報が提供されるかによって、ガバナンスに参加するあるアクターは得をしたり、あるいは逆に損をしたりするということでもある。

ガバナンスがうまく機能するかどうかが正しい情報にかかっているために、独立した立場で、企業のビジネスを環境や人権といった観点から評価する第三者組織の役割が重視されている。しかし近年、第三者組織の「第三者性」に揺らぎが生じている（第二章）。例えば、環境NGOである。かつて環境NGOの多くは自主独立の立場から企業批判を行う存在だったが、近年では、企業との協調路線をとる環境NGOが増え、企業の振る舞いを真っ向から批判することが難しくなっているとの指摘もある［Falkner 2017］。また、環境や人権に対する企業の取り組みを有料で評価する民間企業のように、企業を顧客とする独立性の疑わしいアクターが、企業イメージを向上させることに寄与する情報を世間に放つことで、ガバナンスの行方に影響を与えるようになってきている（第一章）。

そして企業の側も、自社製品の購買者や投資家、市民社会からの評判を高めるために、自主行動方針に則った活動の成果など環境や人権に対する企業努力を、環境レポートや「記事広告」を通じて、以前にも増して積極的に宣伝するようになってきている。

以上の結果、強い情報発信力を持つ企業や、企業と利害を共有するアクターが放つ「言説[3]」が、私たちが認識する「現実」を形づくる傾向がますます強まってきている。そして、そのことによって、相対的に情報発信力の弱い人びとの姿が見えにくくなってしまっている。

熱帯林ガバナンスが「強者」のための道具になってしまわないためには、歪んだ権力関係の中で表に出てこない、「現場を生きる人びと」にとっての問題をまずは掘り起こし、そこから、これからのガバナンスのあり方を考えていくことが大事になってくる、と私たちは考える。

こうした問題意識のもとに、この本で私たちが取り組むのは、森林開発が引き起こしてきたさまざまな問題に対処するための制度が整備された後のインドネシアを対象として、政治的、経済的な力が相対的に弱く、ガバナンスの行方に影響力を行使することが難しい、周縁化された草の根のアクター――地域住民、移民、アブラヤシ小農、農園で働く労働者たち――の視点から、現在の熱帯林ガバナンスの姿をとらえ直すことである。

熱帯林ガバナンスは「熱帯林開発の現場で生きる人びと」にどのような影響を与えているのか（あるいは与え得るのか）。そうした人たちは日々の暮らしの中でどのような問題に直面し、何を求めているのか。熱帯林ガバナンスが用意する「問題解決」はそうした人たちにとってどのような意味を持っているのか――。

本書では、インドネシアの熱帯林ガバナンスをめぐる問題に取り組んできた研究者や実務家（NGOスタッフ）の事例報告や論稿をもとに、これらの問いの答えを探り、これからの熱帯林ガバナンスはどうあるべきで、それを実現するためには何が必要なのかを考える。

5 本書の内容

本書の各章で取り上げるテーマは、以下の四つの問題領域に分けられる。すなわち、Ⅰ「誰のための『熱帯林ガバナンス』か」、Ⅱ「認証制度が現場にもたらしたもの」、Ⅲ「『住民の同意』とは何か」、Ⅳ「土地支配の強化のなかで――生きる営みが『違法』とされていく人びと」である。本書はこれらからなる四部構成になっている。

第Ⅰ部では、熱帯林ガバナンスを担うアクターがさまざまな「言説」を世間に放つなかで、どのような「現実」が社会的に構築され、何がそこから漏れ落ちているのか、これからの熱帯林ガバナンスを考えるうえでそこからどのような含意が導き出されるか、といった問題を扱う。第一章では、紙パルプ企業が定めた自主行動方針に基づいて動き始めた熱帯林ガバナンスが、「環境や地域社会にやさしい」という企業イメージを強化する「言説」の氾濫を招いたこと、そしてその結果として、情報発信力の弱い地域の人びとの姿がより見えにくいものになってしまったことを描く。そのうえで、社会的に公正なガバナンスの実現に向けた論点を提示する。第二章では、ガバナンスの行方に大きな影響を与える企業と環境NGOとの間のインドネシア製紙製品をめぐる対立を事例に取り上げ、さまざまな情報が錯綜するなかで、それらの情報を正しく読み、判断し、行動するために、何が必要なのかを論じる。

第Ⅱ部では、パーム油認証(RSPO認証)が小農や農園労働者に与える影響を論じる。第三章では、RSPO認証制度の中でも、農園企業から独立している小農(企業と契約・協働していない小規模アブラヤシ農家)を対象とした認証制度を取り上げ、その適用と普及が、現場の問題を見えにくくしたり、逆効果を招いたり、場合によっては小農に苦痛をもたらしたりする可能性があることを明らかにする。第四章では、これまでRSPO認証をめぐる議論において注目されることが少なかった農園労働者の抱えている問題に焦点を当てる。RSPO認証を取得していながら、過酷な労働条件の下で労働者を働かせていたことが判明し、RSPOからの改善勧告を受けつつも、それに従わず、最終的にはRSPOを脱退したアブラヤシ農園企業の例を取り上げ、認証制度を本来の目的に沿った形で機能させるために、高い調査・交渉能力を持つNGOの役割が必要であることを指摘する。

第Ⅲ部では、企業と地域住民の紛争解決のための和解案の受け入れや森林開発事業に対する人びとの「同意」がどのようなプロセスを経て行われ、それが地域の当事者にとっていかなる意味を持つのかを検討する。第五章では、土地をめぐって争っていた産業造林企業と住民とが「和解」に至った事例と、パルプ工場建設に際してFPIC原則に基づく地域住民の同意が取りつけられた事例が取り上げられる。前者については、住民が手にできる情報が不十分ななかで、また、現実としてほかに選択できる道がないなかで人びとが和解を受け入れたこと、後者については、FPICの実施が名ばかりのものであったことを明らかにする。それを踏まえて、紛争解決や紛争回避に向けて何が求められるのか、若干の展望を述べる。第六章では、アブラヤシ農園事業を受け入れた村、それを拒否した村、そして、産業造林事業を受け入れた村の三つの村を対象に、事業の受け入れ(拒否)の経緯やそうした村の決断に対するその後の住民の意識が述べられる。そこでは、事業の受け入れの背景には、「企業進出は拒否できない」という意識や村のリーダーの働きがあったこと、受け入れた村も拒否した村も事業による生活環境の悪化を経験しており、村の決断に不満を抱いていることなどが明らかにされる。そして、それを踏まえて、FPICの考え方が広く社会に受け入れられるなかで企業に求められるようになった「同意」を取りつけるという行為が、住民の自己決定権を保障することにつながるのかどうかが考察される。

第Ⅳ部では、熱帯林ガバナンスの制度化の「恩恵」から最も疎外された存在といえる、フォーマルな法に背いて暮らす人たちの問題を取り上げる。生物多様性保全や気候変動対策のために森林管理を徹底することが近年、強く求められるようになってきており、企業や国家による土地支配が再び強まっている。そうしたなかで、人びとの「生きるための行為」が法に背く行為として、取り締まられたり、今後取り締まられるリスクが高まったりしている(第八章ではそれを「犯罪化」と呼んでいる)。熱帯林ガバナンスでは、「利害関係者への責任ある対応」を事業者に求めるが、そこで「責任ある対応」の相手として想定されているのは先住民、地域住民、労働者である。そこでは、事業地に違法に居住する移民や、違法に採取された林産物を利用する業者は考慮すべき利害関係者としてはみなされていない。第Ⅳ部で焦点を当てるのは、こうした熱帯林ガバナンスをめぐる議論や実践から取りこぼされてきた人たちが抱える問題である。

第七章では、事業地の中に設定された保全地区——企業は自らの事業地の一定の面積の土地を保全地区に指定し、保全活動を行うことが義務づけられている——に無断で入り込んだ「不法占拠者」が強制的に排除された事件を取り上げ、不法占拠状態が生み出される社会的要因を明らかにする。そして、立ち退きを迫られた人びとの生活再建を誰の責任のもとでどう進めていくべきか、また、不法占拠の問題について考えるときにどのような視点が重要になってくるかが論じられる。第八章では、生態系修復事業（炭素蓄積など生態系サービスの保全を目的とした事業）や産業造林の事業地として周囲の森が囲い込まれてしまった、造船業の盛んなある村の事例が報告される。住民たちは政府への働きかけによりわずかな面積の「村落林」（一定の条件のもとで政府から管理権が移譲された森）を手にしたが、造船用の木材の採取は許されなかった。「村落林」制定により、これまである程度は自由に使えた土地に対してフォーマルな法に基づく管理体制が強化されることで、造船業に従事する住民たちは、違法木材の利用に手を染めざるを得なくなっている。ここではこうした困難な状況が描かれる。

本書では、以上のほかに、各章で取り扱った内容に関連して補足的に取り上げるべきテーマや、各章では扱えなかったものの今日の熱帯林ガバナンスを考えるうえで重要なテーマを特定し、四つのコラムにまとめた。それらは関連する章のすぐ後ろに収載した。

以下に続く章で私たちは、表に出てこない、熱帯林開発の現場を生きる人びとが直面している問題を掘り起こすことを通して、これからの熱帯林ガバナンスのあるべき姿と、それに向けて、社会全体で深めてゆくべき議論の方向性を提示したい。

註

(1) その背景には、CSRへの市民社会からの関心の高まりはもちろん、国連グローバル・コンパクト(企業に対し、人権・労働権・環境・腐敗防止に関する原則を順守し実践するよう要請する国連の取り組み)や、経済協力開発機構(OECD)の「多国籍企業行動指針」の公表、国際標準化機構(ISO)による国際規格(ISO26000ほか)の策定など、企業にCSR活動を要請する国際的な動きが強まったことがある[青木2013]。

(2) 熱帯林開発をめぐる問題に限らず、環境をめぐるさまざまな問題領域において、このような特徴をもったガバナンスが主流化してきている。このように、非国家アクター(私企業やNGOや認証団体など)が強い影響力を持ち、市場メカニズムに強く依拠したガバナンスのあり方は、「非国家市場駆動型ガバナンス(non-state market-driven environmental governance)」と呼ばれている[Cashore et al. 2007など]。

(3) ここで「言説」とは、ある事柄についての見方を提示する言語表現で、多くの場合、既存の制度や権力と結びついたものを意味する。言説は現実を説明するものであると同時に、「現実」をつくり出す側面も持つ[Robbins et al. 2014]。

I

誰のための「熱帯林ガバナンス」か

第一章

力を持つアクターたちがつくり出す「現実」とかき消される声

APP社「森林保護方針」に基づく自主規制型ガバナンスの事例

■笹岡正俊

1 はじめに——自主規制型ガバナンスは何をもたらしたか

企業が守るべきルールを決め、そのルールがきちんと守られているかどうかを、NGO、地域住民、認証機関を含む第三者評価機関が監視し、評価する。その結果や企業自身の広報、そしてメディアの報道など、企業のビジネスに関する情報をもとに、消費者や投資家は製品購入や投資に関する決定を行う。もしも、ルールを守らなかった場合、売り上げが落ちたり、株価が下がったりしてしまう。こうした市場の判断があるために、企業は自らのビジネスを環境的にも社会的にも問題のないものにしようと努力するはずだ——。こうした想定をもとに、近年、企業が自主的に定めたルールに基づいて多様な利害関係者（ステークホルダー）が協力しながら、ビジネスが生み出す環境破壊や人権侵害といった問題を解決しようとする新たなガバナンスの仕組みが生まれている。こうしたガバナンスのあり方を、本章では「自主規制型ガバナンス（self-regulatory governance）」と呼ぶ。

自主規制型ガバナンスは、多くのビジネスの分野において有効な手法とみなされ、世界的には一九九〇年代にみられるようになった［Kersbergen and Waarden 2004］。インドネシアの紙パルプ業界でも、スマトラ島東部を拠点とするインドネシア屈指の巨大総合製紙メーカー、アジア・パルプ・アンド・ペーパー（APP：Asia Pulp and Paper）社が二〇一三年に、自主的に定めた行動方針である「森林保護方針（Forest Conservation Policy）」を打ち出して以降、それが主流化しつつある。

こうした自主規制型ガバナンスの形成は、少なくとも次の二つの動きを生み出した（あるいは加速させた）。一つは、環境や人権に配慮した事業活動を行っているとする広報活動に、紙パルプ企業がより積極的に取り組むようになったこと。もう一つは、紙パルプ企業、政府組織、地域住民、問題を告発するNGO、消費国市民といったアクターだけではなく、企業の取り組みの監視・評価を行う第三者組織、企業の社会的責任（CSR：Cooperate Social Responsibility）の達成度を評価する民間企業、そして、企業が行う環境保全・地域住民支援活動の受け皿となっている〝企業製〟非営利組織（NPO）といった、ガバナンスの行方に影響を与える新たなアクターを多く生み出したことである。

こうした変化は、紙パルプ産業が引き起こしてきた問題をめぐる状況をどのように変えたのか。結論を先取りにすることになるが、自主規制型ガバナンスの形成は、「環境や地域社会にやさしい」という企業イメージを強化する「言説」の氾濫を招いた。ここで言説とは、現実を説明するとともに、「現実」をつくり出す効果を持った言語表現を意味する[Robbins et al. 2014]。自主規制型ガバナンスが動き出すなかで、「環境や地域社会にやさしい」という企業イメージを強化する言説が氾濫し、そのことが、ガバナンスが今後どう動いていくかによって最も直接的で深刻な影響を受ける存在でありながら、自らが抱えている問題を外に向けて発信することがあまりできない、情報発信力の弱い地域の人びとの姿をより見えにくいものにしているように思われる。

本章では、APPが打ち出した「森林保護方針」に基づく自主規制型ガバナンスを事例に、「企業による情報の選択的開示」と「企業イメージ向上に寄与するアクターの増加」という二つの点に着目しながら、そのことを描く。そのうえで、社会的に公正な熱帯林ガバナンスを実現するための課題について議論する。

2 「森林保護方針」に基づく自主規制型ガバナンスの形成

まずは、インドネシアの産業造林がどのように展開し、どのような経緯でAPPの森林保護方針に基づく自主規制型ガバナンスが形成されてきたかを確認しておきたい。

序章で述べたように、産業造林は国有林の中の生産林においてコンセッション方式で行われている。つまり、林業省(二〇一四年以降は環境林業省)が植林事業を行う企業に対して、一定の条件の下で経営権を与えるというやり方である[Hidayat 2018]。産業造林の事業許可の発給面積は、

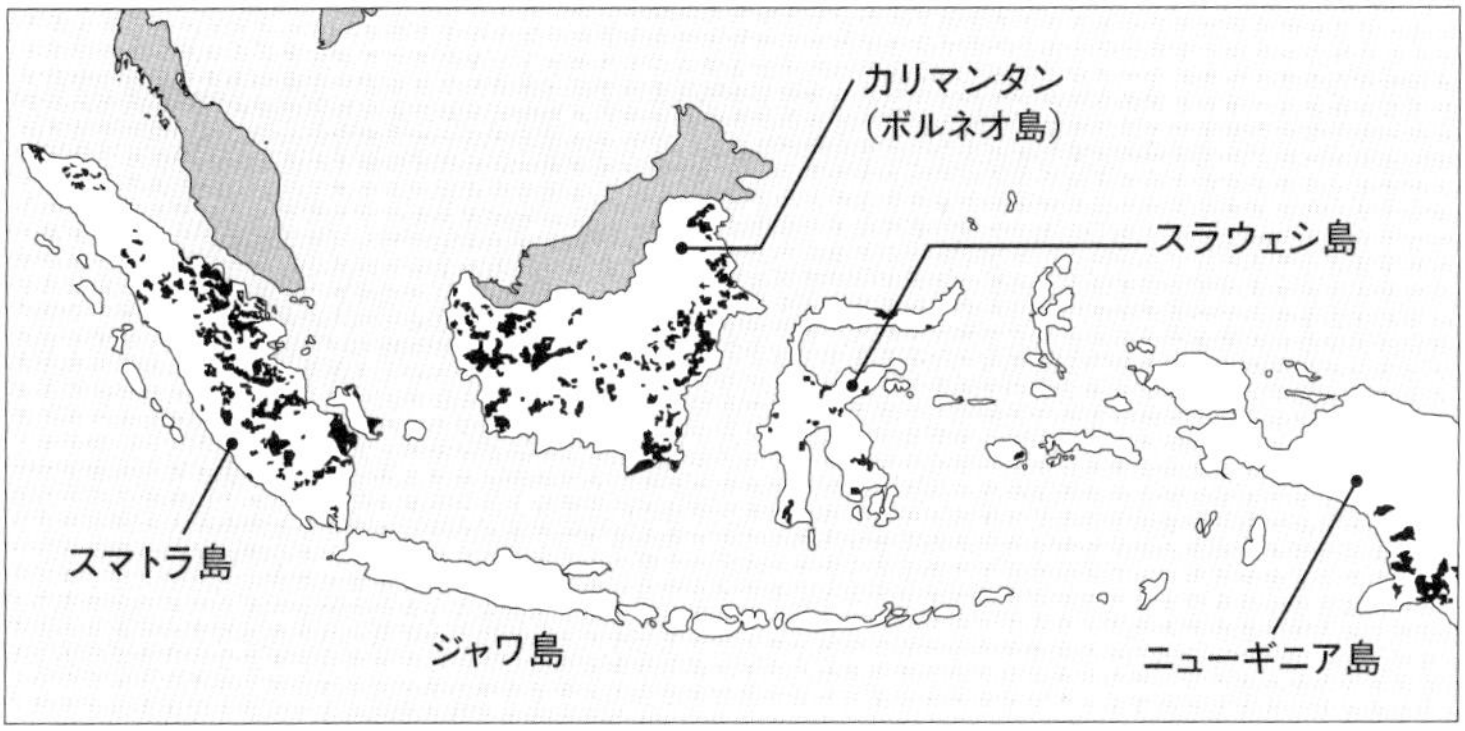

図1-1　産業造林事業許可発給対象地

注：図中の黒く塗られた部分が産業造林事業許可発給対象地を表す.
出所：Wakker［2014:14］をもとに筆者作成.

二〇〇〇年代に入り急増した。その面積は二〇一二年一一月時点で約一千万ヘクタールにのぼる［藤原ほか 2015］。

産業造林地の多くはスマトラ島とカリマンタン島に分布している（図1-1）。なお、産業造林のほぼすべてが紙原料生産のためのアカシアやユーカリの植林事業である。

インドネシアにおける産業造林を牽引してきたのは、先述のAPPである。APPは本書でもたびたびその名前が出てくる巨大企業グループ、シナール・マス・グループ（SMG：Sinar Mas Group）の主力企業である。この総合製紙メーカーの紙、ティッシュペーパー、梱包用紙などの紙製品は日本も含め、世界約一二〇か国で消費されている［鈴木 2016］。

表1-1に示されるように、産業造林事業許可面積の多い企業一〇社のうち五社が、APPに原料を供給する植林企業（サプライヤー）である。これらの企業を筆頭に、APPのサプライヤーの全事業許可面

表1-1　産業造林事業許可面積の多い企業10社（2012年11月時点）

順位	企業名	事業地	交付年	事業許可面積（ha）	SMG/APPとの関係*
1	PT Riau Andalan Pulp & Paper	リアウ州	2009年	350,165	
2	PT Arara Abadi	リアウ州	1996年	299,975	SMFが直接経営している企業
3	PT Finnantara Intiga	西カリマンタン州	1996年	299,700	SMFが直接経営している企業
4	PT Musi Hutan Persada	南スマトラ州	1996年	296,400	
5	PT Wirakarya Sakti	ジャンビ州	2004年	293,812	SMFが直接経営している企業
6	PT Hutan Rindang Banua	南カリマンタン州	2006年	268,585	
7	PT Bumi Mekar Hijau	南スマトラ州	2004年	250,370	APPの独立系サプライヤー
8	PT Merauke Rayon Jaya	パプア州	2008年	206,800	
9	PT Adindo Hutani Lestari	東カリマンタン州	2003年	201,821	
10	PT Bumi Andalas Permai	南スマトラ州	2004年	192,700	APPの独立系サプライヤー

注：確認できたもののみを明記.
SMF（Sinar Mas Forestry）は，シナール・マス・グループ（SMG: Sinar Mas Group）傘下の企業で，パルプ原料生産のための植林を担っている会社.
「SMFが直接経営している企業」についてはSMFのウェブサイト（http://www.sinarmasforestry.com/about_us.asp?menu=1）を，「APPの独立系サプライヤー」（シナール・マス・グループが出資・人事・取引等を通じて経営に重要な影響を与えることのない原料供給企業）については，Wright［2017］，Koalisi Anti Mafia Hutan et al.［2016］，APP［2013］を参照した.
出所：藤原ほか［2015］をもとに筆者作成.

積は約二六〇万ヘクタールにのぼる［Koalisi Anti Mafia Hutan et al. 2016］。これは産業造林事業許可が発給されているすべての土地の二七パーセントに相当する。

一九八四年にスマトラ島で操業を開始して以来、APPは大面積の天然林を伐採し、その跡地に大規模な植林を行った。こうしてできた森は、アカシアやユーカリの一斉林であり、天然林にかつて存在した〝いきものの賑わい〟はもはやない。こうした大規模天然林伐採と植林によって、世界屈指の豊かさを誇る生物多様性が失われた。また、植林事業地の造成のための泥炭地の乾燥化、そして乾燥化が引き起こした大規模森林火災によって、大量の二酸化炭素を大気中に放出させ、気候変動を引き起こす一要因になってきた（本書コラムB参照）。さらには、広大な土地を囲い込んで植林をすることで、地域の人びとから森林資源を奪い、林産物利用や農業が行えなくなった人たちとの間に土地をめぐる争いを各地で引き起こしてきた。

インドネシア国内外の環境NGOや人権団体は、こうした問題を引き起こしてきたAPPを厳しく批判してきた。これらの批判に対して、APPはAPPなりの対応をしてきた。例えば二〇〇三年、APPは、環境NGOであるWWFインドネシアと合意書を交わし、APPのサプライヤーの事業地内の「保全価値の高い森（HCVFs：High Conservation Value Forests）」——生物多様性保全上、あるいは、地域コミュニティの生活や文化にとって重要な森——を守ろうと試みたり、国際的な環境保護団体であるレインフォレスト・アライアンスの認証制度「スマートウッド・プログラム」の認証取得を試みたりした。しかし、「保全価値の高い森」を十分に保全できず、また、保全のための改善要求にも応じることができなかったことから、いずれも失敗に終わった[Dieterich and Auld 2015]。

以上の経緯を踏まえて、国際森林認証制度を運営する森林管理協議会（FSC：Forest Stewardship Council）は、二〇〇七年一〇月に、APPやその関連企業による認証取得を拒否すると宣言した。(1) APPはこれに対抗するかのように、認証基準がFSCよりも緩いと環境NGOが指摘する国際森林認証制度「PEFC（Programme for the Endorsement of Forest Certification Schemes）」の「加工・流通過程管理認証（ＣｏＣ認証）(2)」を子会社のパルプ工場経営会社に取得させた。スマトラ島の環境ＮＧＯの連合体であるアイズ・オン・ザ・フォレスト（Eyes on the Forest）は、ＡＰＰによるこの認証取得を「グリーンウォッシュ」、すなわち、環境に配慮していることを装い、消費者をミスリードする企業行動だとして批判した［Eyes on the Forest 2011］。また、国際環境ＮＧＯのグリーンピースは、二〇一〇年頃からＡＰＰ製品を使わないよう呼びかける世界的な市場キャンペーンを開始した。それにより、バービー人形を販売する世界的玩具メーカーのマテル（Mattel）社など、多くの企業がＡＰＰとの取引を停止した［Dieterich and Auld 2015］。

製品ボイコットという強い市場圧力を受け、ＡＰＰは二〇一三年二月、冒頭に述べた「森林保護方針」を公約した。これは、保全価値の高い森林と炭素蓄積量の多い森林を保護すること、泥炭地での温室効果ガスの排出の削減や回避のために泥炭地の管理をきちんと行うこと、そして、社会的紛争の回避・解決に努めることなど、ＡＰＰが守るべき包括的な自主行動方針である（表1-2）。このルールは、ＡＰＰのすべてのサプライヤーに適用されることも宣言された。

ＡＰＰを厳しく批判していた環境ＮＧＯや人権団体の多くはこれを歓迎した。これまでＡＰＰを批判し続けてきたグリーンピースも、ＡＰＰを批判するキャンペーンを停止し、森林保護方針の実現のために協力することを決めた。

ＡＰＰとそのサプライヤーが「森林保護方針」の中で述べられている約束事項をきちんと実行しているかどうかは、独立した第三者機関が検証することになった。継続的なモニタリングと評価を担うのは、企業の「責任ある」生産・流通を支援する国際的な団体「ザ・フォレスト・トラスト（Ｔ

表1-2　APPの「森林保護方針（Forest Conservation Policy）」の概要

方針1　保全価値の高い森林（HCVF）と炭素蓄積量の多い森林（HCS）に関する方針

- APPとそのサプライヤーは，2013年2月1日より，独立したHCVFおよびHCS評価を通じて特定された，森林に覆われていない地域においてのみ開発活動を行う
- HCVFおよびHCS地域は今後も保護される
- これらのコミットメント（約束）に従っていないことが判明したサプライヤーからの買い入れをやめ，そうしたサプライヤーとの契約を撤回する
- これらの誓約（の順守状況）はザ・フォレスト・トラスト（TFT: The Forest Trust）がモニタリングを行う
- 独立した第三者によるFCP実施状況の検証を歓迎する

方針2　泥炭地の管理に関する方針

- インドネシア政府の低炭素開発目標と温室効果ガスの排出削減目標を支持する
- 森林に覆われた泥炭地の保護を保証する
- 泥炭地での温室効果ガスの排出の削減，回避のため，最善慣行管理（best practice management）を行う

方針3　社会やコミュニティの関与（engagement）に関する方針

- 社会的紛争の回避・解決に向け，以下の原則を実行
  - 先住民や地域コミュニティの「自由意思による，事前の，十分な情報に基づく同意（FPIC: Free, Prior and Informed Consent）」
  - 苦情への責任ある対応
  - 責任ある紛争解決
  - 地域，国内，国際的なステークホルダーとの建設的で開かれた対話
  - コミュニティ開発プログラムの推進（Empowering community development programs）
  - 人権尊重
  - すべての法，および，国際的に受け入れられている認証の原則と基準の順守
- 新規のプランテーションが提案された場所では，慣習地に対する権利の承認を含め，先住民や地域コミュニティの権利を尊重する
- ステークホルダーとの協議を通じて，FPIC実施のための将来の方策を発展させる
- FPICと紛争解決のための実施要項（protcol）と手順（procedure）が国際的な最善慣行（best practice）に一致したものになることを保証するため，NGOや他のステークホルダーと協議を行う

方針4　独立した第三者のサプライヤー（Third party suppliers）に関する方針

- 世界中から原料調達をしているが，こうした調達が責任ある森林管理を支持するよう対策を講じている

注：この森林保護方針は，①APPおよびインドネシア国内のすべてのAPPのサプライヤー，②中国を含め，APPのあらゆるパルプ工場で利用される原料，③将来のあらゆる事業展開に適用される，と公約されている.

出所：APPウェブサイト（https://asiapulppaper.com/sites/default/files/app_forest_conservation_policy_final_english.pdf）

FT：The Forest Trust)」である。これとは別に、二〇一五年に、APPが所期の目標をどの程度達成できたのかを、レインフォレスト・アライアンスがいくつかのNGOの協力を得て評価している。

また、APPは「森林保護方針」の履行状況に関する「苦情(グリーバンス)」に対応するための手続きを定めた。これは、NGOや住民などが、APPやAPP傘下のサプライヤーが「森林保護方針」の原則を守っていない事実を確認した場合、それをAPPに報告でき、APPは寄せられた苦情の妥当性を、第三者を交えた検証チームを組織し、検証しなくてはならない、という制度(苦情申立・検証制度)である。

さらに、APPは「森林保護方針」の「方針3」で、国際的に受け入れられている認証の原則と基準の順守を約束している。既述のとおり、APPに対してFSCは「関係断絶」を宣言しているので、APPとそのサプライヤーはこの森林認証は取得できない。その代わりにAPPは、そのサプライヤーにインドネシア森林認証会社(IFCC：Indonesian Forest Certification Cooperation)の認証を取得させた。これは先に述べた国際的な森林認証制度であるPEFCと相互認証が可能な認証制度であり、IFCCの認証を取得すればPEFCの認証も取得できることになっている。なお、二〇一八年に出されたAPPの「サスティナビリティレポート」によると、APPのサプライヤーの全コンセッションエリアの九一パーセントがこの認証を受けていると報告されている[APP 2018a]。

このように、二〇一三年以降、APPによる「森林保護方針」に基づく自主規制型ガバナンスの仕組みが形成されていった。

3 APP社による情報の選択的開示

こうした動きは、APPの事業が引き起こしてきた環境的、社会的な問題をめぐる状況をどう変えたのか。

先述のとおり、「森林保護方針」で定めたことをAPPがどの程度達成できたのかを、いくつかのNGOの協力を得て、レインフォレスト・アライアンスが評価している。それによると、天然林伐採を行わないとか、保全価値の高い森を地図化するとか、新規の泥炭地開発(排水路の建設)を行わないといった点では前進があったが、土地紛争解決においては大きな改善が見られなかったという。APPの三八のサプライヤーのすべての事業地で紛争が続いており、しかもそれらの多くが長引いているもので、係争地は大面積に及んでいるという[Rainforest Alliance 2015]。

公表されていないため正確な数はわからないが、APPが抱えている土地紛争は数百にのぼるといわれている。二〇一八年末時点で、紛争が「解決した」とされているのは、そのうちの約半数である[APP 2019]。

このように、植林事業によって土地を失い、土地権を求めて声を上げている人たちは今なおたくさんいる。しかし、そうした人たちの具体的な姿はなかなか見えてこない。

こうした事態を生んでいることの要因はいくつか考えられるが、一つには企業による「情報の選択的開示(selective disclosure)」を指摘できる。これは、企業が自らのビジネスの正当性を獲得するために、企業活動が環境や人権に与える良い影響についての情報を開示する一方、悪い影響については開示しない行為を意味する[Marquis et al. 2016]。

自主規制型ガバナンスがうまく動いていくためには、自主的に定めた目標をどの程度達成できたのかについて、偏りのない情報を企業が広く社会に向けて開示することが求められる。APPの取り組みを継続的に監視・評価するのは先述のとおりザ・フォレスト・トラストだが、APPはそれ以外の組織に対し、自社のビジネスが与える環境的、社会的影響に関する全体的で詳細な情報を広く公開していない。また、自主的な目標の達成度に関する評価がどう行われたのかについても透明性を高めることが必要になってくるが、ザ・フォレスト・トラストがどのような方法で監視・評価をしているか、その全貌も明らかではない。

そうしたなかで、APPは社会紛争解決のために努力してきたことを喧伝している。こうした宣伝・広報活動を企業が行うのは、自らのビジネスの正当性を得るための戦略としては理解できるし、その行為を頭ごなしに批判するつもりはない。また、宣伝・広報の内容がすべて嘘だと主張するつもりもない。ただ、ここで強調しておきたいのは、出された情報がしばしば部分的で一面的だということを私たちは認識しておかなければならないという点である。

ここでは土地紛争に焦点を絞って、そのことを示唆する二つの例を紹介したい。

一つ目の例は、「森林保護方針」が宣言されてから約五年後の二〇一八年五月に、APP自身が公表した『森林保護方針　五周年アップデート』という報告書の土地紛争に関する記述である[APP 2018b]。

この報告書の中でAPPは、二〇一七年末現在、紛争の四六パーセントが解決済みだと述べている。紛争解決プロセスをAPPは次の四つの段階に区分している。すなわち、「紛争マッピングおよびアクションプランの作成」、「交渉および初期の同意の達成」、「協定への署名（MoUの締結）」、「合意事項の実施」の四段階である。これらのうち、「協定への署名」が行われたことをもって「紛争が解決した状態であるとみなす」としている。

APPはこの報告書で、紛争解決のためのパイロット事業が行われている三つの村については、村名を公表している（そのうちの一つは本書第五章で取り上げるセニャラン村である）。しかしそれ以外については、どこで紛争が起き、紛争解決に向けてどのような取り組みが行われているのか具体的な情報を公開していない。そもそもAPPのサプライヤーの事業地内および周辺で何件ぐらいの紛争が起きているか、私たちは知るすべがない。「四六パーセント」の母数がわからないのである。APPは「森林保護方針」公表後に、どこでどのような土地紛争が起きているかを示した「紛争マップ」を作成したが、「新たな紛争の火種になる」という理由でそれを公開していない。したがって、「合意に達した」というときの「合意」の中身がどのようなものなのか、また、どのような過程を経て「合意」が達成されたのか、そこに暮らす人たちはそうした「合意」をどのように受けとめているのか、といったことを第三者が確かめることは困難だ。

二つ目の例は、先に述べた苦情の中立・検証に関するものである。森林保護方針策定後、いくつかの苦情が寄せられたが、APPはそのそれぞれについて苦情の中身と検証結果を同社のウェブサイト上で公開している。(3) この制度の考え方そのものは悪くないのだが、検証のやり方や検証結果の報告のあり方に反感も抱く人たちもいる。ここでは、筆者が二〇一五年以来通っているスマトラ島のジャンビ州にあるL村B集落の事例を紹介したい。

B集落の住民は、ジャンビ州で操業するAPPの代表的なサプライヤーであるウィラカルヤ・サクティ社(PT. Wirakarya Sakti)(以下、W社)と長い間、土地をめぐって争っている人たちだ。W社は二〇〇四年に、東京都の一・三倍に相当する約二九万四千ヘクタールの事業許可を得ている(表1−1参照)。この植林企業がL村(人口約一万一千人、二〇一六年)にやって来たのは二〇〇六年。道路をつくるという名目だった。W社はたしかに道路を建設したが、その後、これまでL村住民が焼畑を行ったり、ゴムやアブラヤシを栽培したり、林産物採取を行ったりしてきた土地を、植林地へと転換していった。

植林地が拡大していくなか、住民たちは二〇〇七年一二月、植林事業を実力で阻止するため、W社の重機を焼き討ちし、数名の村人が逮捕される事件も起きた。その後、州政府、企業、住民との間で紛争解決のための話し合いが重ねられたが、みるべき成果はなかった。

変化が起きたのは、二〇一三年である。APPが「森林保護方針」を宣言したことで、APPのサプライヤーは自社の事業地で起きている土地紛争の「解決」のために、強制的に住民を追い出すなど抑圧的な手段をとることができなくなった。これを好機とみたL村の住民約五〇家族(その多くはW社の植林事業で農地を失った人たちだが、域外からL村にやって来た移住者で土地を持っていなかった人たちも含まれている)は、二〇一三年九月に、W社がアカシアの収穫を終えたばかりの約五〇〇ヘクタールの土地に小屋を建て、ゴムやアブラヤシ、陸稲、バナナなど植えた。さらにイスラームの祈禱所や住居を建設して、企業の事業地の中にムラをつくった。それがB集落である[4]（写真1−1・1−2）。

APPとB集落住民たちとの間に入って、土地をめぐる紛争解決を支援してきたのはザ・フォレスト・トラストである。紛争解決の話し合いを行う条件として、ザ・フォレスト・トラストは、B集落住民に入植地から出ていくことを要求した。W社の植林事業によって生計の基盤を奪われ、周辺の農民の農地で農業労働者として働くしかなかった住民にとって、この要求はとうてい受け入れられるものではなかった。また、ザ・フォレスト・トラストは妥協策として、入植地を企業に「返し」、そこでアカシアと陸稲のツンパンサリ、すなわち、造林木の間に農民が農作物を植える（間作する）土地利用法を提案したが、この提案も住民たちは拒否した。それは、アカシアが大量の水を吸うことから間作作物の生育が良くないこと

写真1−1　B集落の遠景
（2017年12月, L村B集落）
撮影：筆者

写真1−2　B集落住民のJさん
（2017年12月, L村B集落）
撮影：筆者

や、成長の早いアカシアとの間作ではすぐにアカシアが作物を覆い、数年しか農業ができないためである。

以上の経緯を経て、B集落住民はザ・フォレスト・トラストを仲介役とするW社との土地紛争解決のプロセスを拒否すること、および、ザ・フォレスト・トラストと協調路線をとるジャンビ農民組合（ジャンビ州内の各地の農民組合が参加する広域の農民利益団体）を脱退することを決めた。そして二〇一三年一一月、グリーンピース・インドネシア事務所の助けを借りて、APPに「苦情」を送った。その内容は、ザ・フォレスト・トラストがつねにW社側に立った介入をしてくることから、今後、同組織による調停を拒否するというものであった（「苦情」の内容は多岐にわたるがここでは取り上げない）。

この通報を受けてAPPは、シナール・マス・フォレストリー（Sinar Mas Forestry）社（シナール・マス・グループ傘下の企業で、W社はこの企業が直接経営する一植林企業）、ザ・フォレスト・トラスト、グリーンピース・インドネシア事務所、住民代表などからなる「検証チーム」を組織し、「苦情」が事実に基づくものかを検証した。その結果は、二〇一四年一月に出された検証結果報告書にまとめられている。そこでは、L村住民がジャンビ農民組合のメンバーであること、そして、ジャンビ農民組合の代表の証言をもとに、L村住民が今後も現在の紛争解決プロセスに従うつもりであると述べられている。(5)

B集落住民はたしかにL村住民の一部ではあるが、他の住民たちと異なり、先述の理由ですでにジャンビ農民組合を脱退している。したがって、同組合はB集落住民の声を代弁する組織ではない。にもかかわらず、検証結果報告書ではその点を曖昧にしたまま、ジャンビ農民組合代表の証言をもとに、住民があたかもザ・フォレスト・トラストが進める紛争解決プロセスを支持しているかのように結論づけている。

このような検証結果に不満を抱いたB集落住民代表らは、検証結果報告書を拒否する声明を二〇一四年三月に出した。しかし、その後、APPやW社から反応はなかった。APPのウェブサイト上では検証結果報告書のみが公開され、それを拒否する声が上がったことは一切触れられていない［笹岡 2017］。

4 企業イメージの向上に寄与するアクターの増加

土地紛争下を生きている人びとの姿が見えにくくなっていることのもう一つの要因は、企業イメージ向上に寄与するアクターの増加である。

近年、「企業の社会的責任（CSR）」の達成度を評価する国際的に有名な民間企業（CSR調査企業）が多数生まれてきている。そうした企業の代表的なものの一つに、有償の評価サービスを提供しているフランスの「エコバディス（EcoVadis）社」（二〇〇七年設立）がある。同社の評価方法は、評価を希望する企業に、環境、社会、倫理、サプライチェーンなどについての質問をし、それに対する回答、および、国際機関やNGOなどの資料を専門アナリストが検討して、環境、労働慣行と人権、倫理、持続可能な資材調達の四つのテーマに分類された二一項目について、得点をつけるというものだ。[6] 同社は二〇一六年と二〇一七年に最高ランクの「ゴールド」の評価をAPPに与えている。このことをAPPは自社のウェブサイトやさまざまなメディアを通じて大きく宣伝してきた。

また、持続可能性に関する企業の報告書の質を高め、ステークホルダーの信用を高めることを支援したり、そのためのトレーニングやコンサルティングを行ったりしている組織として、「持続可能性報告ナショナルセンター(NCSR)」(二〇〇五年設立)のようなCSR広報支援企業もある。この組織は、企業がどの程度、環境や人権に配慮した事業を行っているかをまとめた「サスティナビリティ報告書」(あるいは「CSR報告書」とか「社会環境報告書」などと呼ばれているもの)の内容を評価し、「質の高い」報告を行っている企業に、二〇〇五年から持続可能性報告賞を与えている。二〇一九年一二月、APPはこの組織から七度目となる持続可能性報告賞を受賞している。このこともAPPはウェブサイトやさまざまなメディアを通じて宣伝してきた。

エコバディス社や持続可能性報告ナショナルセンターがどのような資料に基づいてAPPに高い評価を与えたのかは、その評価プロセスの詳細が公開されていないため不明だが、これらの組織が行う評価に共通しているのは、現場で得られた資料ではなく、企業自身が作成した回答や報告書を主な資料としている点である。質問紙の回答や報告書を作成する際、通常、企業は「悪いこと」や「取るに足らないこと(と企業が考えること)」は載せない。また、当然のことだが、企業が認識していない問題も載せることができない。そのため、企業が提示した情報に依存した評価は、企業の達成度を過大評価してしまうおそれがある。

こうした民間の評価会社に加えて、〝官製〟ならぬ〝企業製〟の非営利組織（NPO）が、企業イメージ向上に寄与する新たなアクターとして紙パルプ業界の自主規制型ガバナンスに影響を与えている。APPが二〇一四年に設立し、その資金提供によって運営されているブランターラ財団（Yayasan Belantara）がそうだ。同財団はインドネシアの一〇の地域を対象に、保護地域における生物多様性保護の取り組み強化や、地域住民を対象にした環境教育や生計支援などの活動をAPPと協力して行っている。同財団を通して実施した活動の成果を、APPは自社のウェブサイトや商業メディアで積極的に報じてきた。これも「環境や地域社会にやさしい企業」というイメージの創造に寄与してきた。

以上述べてきた民間組織は、すべてAPPの企業イメージ向上に貢献してきた。誤解してほしくないが、筆者はそれらの評価結果がすべて間違っているとか、企業製NPOの活動がグリーンウォッシュのためだけのものだ、などと主張したいわけではない。「森林保護方針」策定後、APPが天然林保護や泥炭地管理や土地紛争解決に一定の努力を払ってきたことは間違いない。そうした取り組みを全否定していては、今後さらなる企業努力を引き出すうえでマイナスであろう。ここで指摘したいのは、CSR調査・広報支援企業、企業製NPO、そしてAPPが、「環境や地域社会にやさしい企業」というイメージを増幅する言説を、その強い情報発信力をもとに社会に向けて放ち続けるなかで、土地紛争を生きる人びとの姿が埋もれ、彼らが抱える問題が置き去りにされてしまっているという点である。

5 かき消される地域の人びとの声

B集落の人びとが土地をめぐって植林企業と争うことになってからすでに一六年。争いは今も続いている。B集落住民の願いは、彼らが権利を主張する土地をW社の事業地内から出し、自分たちの土地として政府から正式に認めてもらい、安心して暮らせるようになることである。しかし、土地返還のための具体的な取り組みはあまり進んでいない。

二〇一七年一二月、W社とB集落住民が協働で、住民が権利を主張する土地と、企業の事業を続ける土地の境界確定作業を行っていくことが決められた。その後、何度かの話し合いを経て、二〇一八年六月、係争中の土地を、住民が家屋を建設し農地をひらいている区域、アカシアが生育している区域、アカシア植林地の中に住民が過去に植えた作物が存在している区域に区分し、それぞれの土地の帰属について話し合いを行うこと、そして、住民とW社の双方で、現場でそれらの区域の境界線がどこを走っているかを検証するチー

写真1-3　土地の返還などの要求事項を掲げた横断幕を広げ，デモを行うB集落住民
（2018年9月，ジャンビ市）
撮影：筆者

ムを組織し、共同で地図を作成することになった。しかしその後、W社が何度も延期したため、二〇二〇年三月現在においても地図作成のための作業は進んでいない（写真1-3）。

B集落住民は植林地と隣り合わせで暮らすなかでさまざまな被害を受けてきた。彼らからは、「アカシアの残材が河川に投棄されたり重機の油が流れ出たりすることで、米を研ぐための水としても使えないぐらい川が汚れた」（写真1-4）、「アカシアの収穫があった後は川の水が汚れ、沐

写真1-4 アカシアが収穫されたばかりの植林地を流れる小川
（2017年12月，テボ県のW社の植林地）
撮影：筆者

写真1-5 アカシア（パルプ原木）を運ぶトラック
（2015年9月，L村B集落）
撮影：筆者

浴をすると体がかゆくなる」、「木材搬出用トラックが巻き上げる砂埃《すなぼこり》で咳をする子どもたちが増えた」(**写真1−5**)、「焼畑に使える農地が減り、陸稲の栽培ができなくなった」といった声をたくさん聞いた[笹岡 2019a]。

また、自分たちの土地に対する権利が正式に認められていないなか、今、耕している土地がいつまた取り上げられるかわからないことへの不安や、土地権を求める運動をいつまで続けなければならないのかわからないことへの不安を語る者もいた。紛争の長期化そのものが被害を生んでいるのである。しかし、こうした声はなかなか表に出てこない。強い情報発信力を持つアクターたちが企業イメージを向上させる多くの言説を言説空間に放つなか、地域の人びとの声はかき消されてしまっているのである。

6 公正な熱帯林ガバナンスに向けて——「小さな民」の視点から問い直す

筆者は、熱帯林ガバナンスが実現すべき最も重要な理念の一つは、熱帯林や熱帯の土地資源の利用による便益と被害が不平等に配分される構造(特定の人びとが利用によって便益を享受する一方、別の人びとがそうした利用に伴って生じる被害を受忍するという状況)の解消にあると考える。この前提に立ったとき、熱帯林ガバナンスに関わる研究者、NGOスタッフ、ジャーナリスト、「市民調査」を行う市民たちに必要なことは何か。本章での議論を踏まえると、少なくとも次の三つのことが必要になってくると考える。

第一に、現在主流化しつつある自主規制型の熱帯林ガバナンスをめぐって、表には出てこない「隠れた物語」[笹岡 2017]を掘り起こすことである。本章で示したように、インドネシアの紙パルプ産業がもたらしたさまざまな問題に対処するための自主規制型ガバナンスの現状を見る限り、ガバナンスがどのように動いていて、それがどんな効果をもたらしたのか、といった私たちが認識する「現実」は、強い情報発信力をもったアクターが放つ言説により構築される傾向が強まっている。そうしたなかで、地域の人びとの声がかき消され、被害の不可視化が起きている。だからこそ、ガバナンスの行方によって最も直接的で深刻な影響を受ける草の根のアクターの側から問題をとらえ直すことが大事になってくる。つまり、熱帯林ガバナンスをめぐる「隠れた物語」、すなわち、力を持つアクターの言説によって構築される「現実」とは異なる、情報発信力という点で相対的に弱い立場にある現場の名もなき人びとの語りから浮かび上がる現場のリアリティを、フィールドに赴き、人びとの話を聞いて丹念に掘り起こし、可視化していくことが必要になってくる。植林事業地と隣り合わせて暮らし、今なお土地紛争を生きている地域の人びとは、植林事業や長引く紛争によってどのような被害を経験してきたのか。地域の人びとが考える問題解決の姿とは何か。現在の自主規制型ガバナンスのあり方は、人びとが抱える「問題」の解決にどのような影響を及ぼしているのか。熱帯林ガバナンスの制度的外観が整ってきた今の時代こそ、そうした問いへの答えを「小さな民」――「強大な権力と市場、それらがもたらした価値観によって生活圏を歪められ、権力側からの差別を受けながらも、日々の生活をたくましく生きる人びと」[甲斐田ほか 2016: 2]――の視点から探り、力のあるアクターが構築する「現実」に対して対抗的な見方を提示していくこと、それによって、個別の事例の改善を図ってゆくことが求められる。

第二に、自主規制型ガバナンスをめぐる「現実」の構築過程とそれがガバナンスの動きやガバナンスに関わるアクターの利害に与える影響について、より詳しい知見を提供することである。そこで重要になってくる課題は、例えば、企業が定めたルールの履行状況を監視する第三者組織やCSR調査、広報支援企業の評価プロセスはどのようなもので、そこから漏れ落ちている情報にはどのようなものがあるのか、それらのアクターと企業との間にはどのような相互関係が築かれており、それは現場で起きているどのような「問題」の可視化／不可視化にどう影響しているのか、といったことである。そうした課題に取り組むことで、自主規制型の熱帯林ガバナンスをより実効性のあるものに変革していく糸口が見えてくるはずだ。

第三に、「責任の個人化」論を超えた議論である。グローバル商品の「責任ある生産と消費」のための自主規制型ガバナンスを実効性のあるものにしていくために何が必要かという議論では、私たち一人ひとりが、高いリテラシー（さまざまな情報を自ら集め、情報の背後にある利害関係にも目を向けつつその真偽を吟味し、自らの行動に活かす能力）を持つことが必要だといった結論に落ち着くことが少なくない。もちろん個々の消費者が高いリテラシーを持つことが重要であることは間違いない。実際、私もそのような議論をしたことがある［笹岡 2019b］。「認証を取っているからこの製品は安心だ」と単純に考えず、その認証がどのような認証基準を掲げ、どのようなプロセスで認証がなされているかを吟味することが必要だとか、民間の評価会社の評価や企業の広報だけを鵜呑みにせず、独立性や第三者性を有している組織が発するオルタナティブな（本流ではない、対抗的な）情報に当たって「本当のこと」を知ることが必要だといった主張は、一面ではたしかにそのとおりなのだが、実際にどのくらいの人がそれらのことを実践できるのかという疑問も残る。複雑なサプライチェーンを経て消費者の手元に届くモノについては、その原料生産地でどのような問題が起きているのかをさまざまな情報を集めて吟味することには多大な労力を必要とする。ましてや、これほどまでに、ガバナンスを支える制度が増え、それを担うアクターが多元化し、それらのアクターが自らの利害に基づいてさまざまな言説を発信している。こうしたなか、すべてのモノについてそれらのことを行う努力を消費者市民に求めるのは限界がある。

したがって、自主規制型ガバナンスをうまく駆動させるための責任を消費者市民個人に対して過度に求める議論――「責任の個人化」論――を超えて、新たな議論を巻き起こしていくことも必要である。例えば、ネオリベラリズム（新自由主義）の価値観が広く世界を覆うなかで避けられてきた、企業のビジネスに対する法的規制の必要性に関する議論や、「ファクトチェック」[7]の動きにみられるように、第三者性とある程度の専門性とを備えた組織が、グローバル商品を扱う企業のCSR広報やCSR調査企業の評価報告書をチェックするような仕組みづくりの可能性に関する議論である。また、より根底的には、グローバルなサプライチェーンによって安いモノを大量に、見知らぬところから調達することを前提としたうえで、そうしたモノの生産と消費が引き起こす問題を解決するために、自主規制的なガバナンスの仕組み（企業の自主行動方針の履行状況の第三者評価制度、国際資源管理認証の制度、苦情処理制度など）に期待を寄せる考え方そのものを問い直すような議論も必要だと思われる。先述した熱帯林ガバナンスをめぐる「隠れた物語」の掘り起こしや、ガバナンスをめぐる「現実」の構築過程とその影響を明らかにすることを通じて、グローバルに展開した紙製品の生産と消費の社会関係を可能な限り顔の見えやすいものに再構築していく（例えば国産パルプを用いた紙製品の市場占有率を高めていく）実践につながるような議論を喚起していくことも重要な意味を持つはずだ。

註——

（1）ＦＳＣが掲げる理念と相反する森林破壊を行いながら、一部の限られた森林だけで適切な管理を行うことで認証を取得し、高い社会的評価を得るような企業が現れることがないよう、ＦＳＣは、人権侵害や違法伐採などを行っていると認められる組織に「関係断絶」を申し渡すことを定めている。

（2）加工・流通過程管理認証（ＣｏＣ認証）とは、森林管理認証を受けた森林から産出された木材・紙製品を、適切に管理・加工していることを証明する認証を指す。

（3）苦情申立の中身と検証結果は、ＡＰＰ社ウェブサイト内 "Progress Reporting Tool" (http://www.fcpmonitoring.com/Pages/All_documents.aspx?M=10&name=48) で閲覧できる［最終アクセス：二〇二〇年四月一日］。

（4）写真1-2のＪさんは、ゴム、マンゴーなどの果樹、ジリンマメなどの樹木野菜が混在する樹園地とアブラヤシ園を持っていたが、二〇〇七年頃にＷ社によって破壊された。その後、Ｊさんは農業労働者として働いたが、家族を養うのにぎりぎりの生活だった。かつてのように自分の育てたものを売って生計を立てたいと思い、二〇一四年にＢ集落に小屋を建て、自家消費用に陸稲やバナナや野菜を植え、商品作物としてアブラヤシの苗を植えた。

（5）"Verification Report Relating to a Grievance Made against PT. Wirakarya Sakti, Tebo Regency, Jambi Province" (http://www.fcpmonitoring.com/Pages/All_documents.aspx?M=10&name=48) による［最終アクセス：二〇二〇年四月一日］。

（6）エコバディス社が公開している "EcoVadis CSR Methodology: Overview and Principles" (https://resources.

ecovadis.com/ecovadis-solution-materials/ecovadis-csr-methodology-overview-and-principles/）による［最終アクセス：二〇二〇年四月一日］。

（7）「ファクトチェック」とは、ある「言説や情報が事実に基づいているかどうかを調査し、その正確性についての評価を、証拠を示して発表する営み」のことである［立岩・楊井 2018: 21］。政治家の発言、大手商業メディアの報道、社会的に関心を呼んでいるネット記事などを対象に、ファクトチェックを行う団体が世界各国でできている。これらの団体によって、ファクトチェックを行う際の基本ルールや方法論についての議論が重ねられてきている。詳しくは、立岩・楊井［2018］および本書第二章を参照のこと。

第二章

持続可能な森林経営をめぐるポリティクス

複雑化する現代社会で「人と人の信頼」は再構築できるか

■藤原敬大

1 対立する情報と倫理的消費——インドネシア産の紙製品をめぐって

私たちが日々の生活で何気なく使用している身のまわりの物の中には、インドネシアの熱帯林と関連する商品が多くある［森林環境研究会編 2020］。その商品の一つが紙製品であり、私たちはティッシュペーパー、トイレットペーパー、ノート、コピー用紙といった紙製品を日常的に使用している。私たちが使用するコピー用紙の四～五枚に一枚がインドネシアから輸入されたものである［笹岡 2019: 26–29］（図2–1・写真2–1・2–2）。

このインドネシア産の紙製品をめぐってＮＧＯと企業の間で激しい対立が続いている。アジア・パルプ・アンド・ペーパー（ＡＰＰ：Asia Pulp and Paper）社は、中国、インドネシアに生産拠点を持

写真2-1　九州大学の生協で販売される製品（2020年11月）
撮影：筆者

図2-1
インドネシア産のコピー用紙.
「indah」はインドネシア語で
「美しい」の意味

写真2-2
インドネシアの工場で出荷を待つ製品
（2015年3月）
撮影：筆者

つアジア最大級の総合製紙メーカーであり、同社によって生産された紙製品は世界一二〇か国以上で消費されている［APP ジャパン n.d. (a)］。APP社はこれまで多くの天然林を伐採し、原料調達地でさまざまな環境・社会問題を引き起こしてきたことから、国内外のNGOの強い非難を受けてきた［笹岡 2017］。そのNGOの一つが、世界自然保護基金（WWF）であり、WWFジャパンのウェブサイトを見てみると、APP社に関連する問題をまとめたページも作成されている［WWF ジャパン 2020a］。このようなNGOからの批判は、ＡＰＰ社の社会的信頼を失わせ、複数の企業が同社の紙製品の取り扱いを取りやめるなどのグローバルな批判活動へと発展し、同社は事業継続上の支障としてこの対応に迫られた［鈴木 2016］。

ＮＧＯからの批判に対して、ＡＰＰ社は二〇一三年二月に、①自然林伐採ゼロ宣言、②泥炭地の保護、③社会や地域コミュニティとの関わり、④第三者供給会社からの原材料購入の四つの取り組みからなる「森林保護方針（ＦＣＰ：Forest Conservation Policy）」を立ち上げた［APPジャパン n.d. (b)］。二〇一五年からは「一万本植樹プロジェクト」が開始され［APPジャパン 2015a］、植樹ツアーに参加する日本人ボランティアもいる［大塚 2018］。また、同年に国際的な森林認証の一つであるＰＥＦＣ認証製品の提供を開始し［APPジャパン 2015b］、日本でもＰＥＦＣ認証のコピー用紙が販売されている［アスクル n.d.］（図2-2）。このようなＡＰＰ社の取り組みに対して、企業の社会的責任や持続可能性を評価するエコバディス（EcoVadis）社は二〇一六年、「サスティナビリティ（持続可能性）調査」において最高ランクの「ゴールド」評価を与えた［APPジャパン 2016］。また、国際認証機関ＤＮＶ ＧＬの報告書「Future of Spaceship Earth: The Sustainable Development Goals Business Frontiers」では、ＡＰＰ社を「持続可能な開発目標（ＳＤＧｓ）」のゴール一五「陸の豊かさも守ろう」の企業変革の事例として紹介している［DNV GL 2016］。

近年、ＡＰＰ社の取り組みに対する肯定的な評価がある一方で、二〇一八年八月二二日にＷＷＦジャパンは「ＡＰＰ社『森林保護方針』から五年　ＷＷＦからのアドバイザリー（勧告）」という記事をウェブサイト上で公開した［ＷＷＦジャパン 2018］（図2-3）。同記事の中でＷＷＦジャパンは、

APP社が一九八〇年代から自然の熱帯林を大規模に破壊し、環境や地域社会、気候変動問題に及ぼしてきた影響は計り知れないことを非難するとともに、同社の問題ある行為は、国際的な森林認証であるFSC認証がAPP社と関連企業に対して関係を断絶すると発表していることからも明らかである、と主張している。そのうえで、WWFインドネシアが「企業と投資家に対し、APP社がFSCとの断絶関係を回復し、真に独立した第三者による定期的検証の結果、同

図2-2 アスクル社のウェブサイト.
インドネシアで生産されるコピー用紙について紹介
出所：アスクル［n.d.］

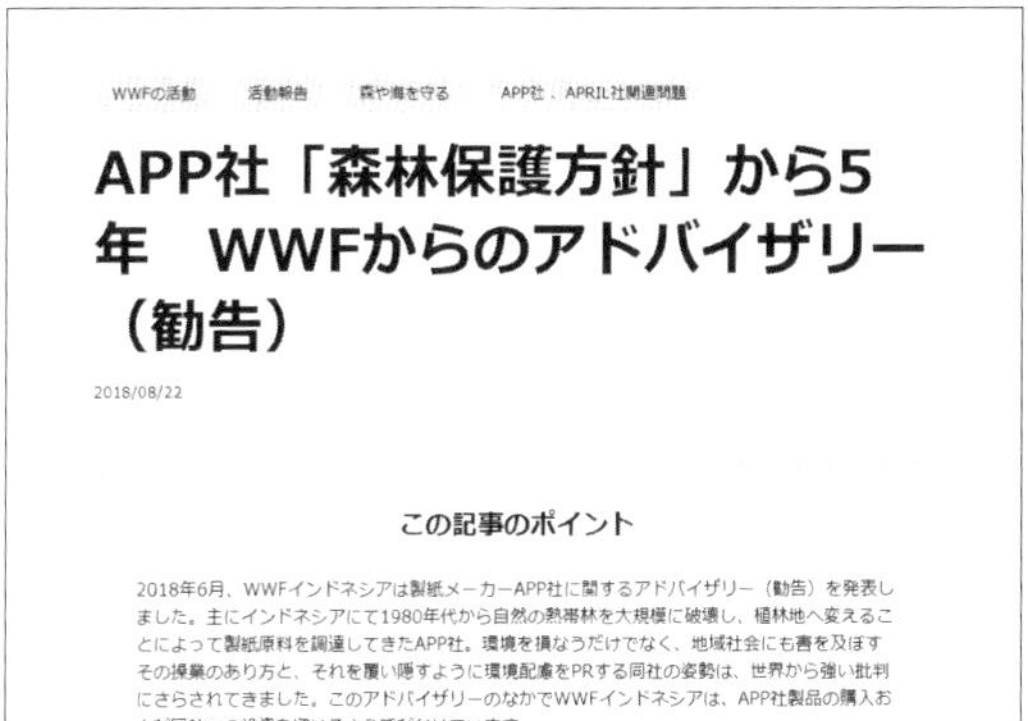

WWFの活動　活動報告　森や海を守る　APP社、APRIL社関連問題

APP社「森林保護方針」から5年　WWFからのアドバイザリー（勧告）

2018/08/22

この記事のポイント

2018年6月、WWFインドネシアは製紙メーカーAPP社に関するアドバイザリー（勧告）を発表しました。主にインドネシアにて1980年代から自然の熱帯林を大規模に破壊し、植林地へ変えることによって製紙原料を調達してきたAPP社。環境を損なうだけでなく、地域社会にも害を及ぼすその操業のあり方と、それを覆い隠すように環境配慮をPRする同社の姿勢は、世界から強い批判にさらされてきました。このアドバイザリーのなかでWWFインドネシアは、APP社製品の購入および同社への投資を避けるよう呼びかけています。

図2-3 WWFによるアドバイザリー（勧告）
「APP社『森林保護方針』から5年」
出所：WWFジャパン［2018］

社がFSCのロードマップの要求事項について十分な進捗を遂げたことが証明されるまで、SMG〔シナール・マス・グループ〕／APP社及びその関係会社と取引をしないよう勧告」していることを伝えている［WWF-Indonesia 2018］。同時に、責任ある調達行動は世界的な動向であり、問題のある企業からの調達を見合わせる対応を取る企業も増えているなかで、APP社のコピー用紙を取り扱うアスクル社を非難するとともに、製造企業名は明示されていないもののインドネシア産の植林

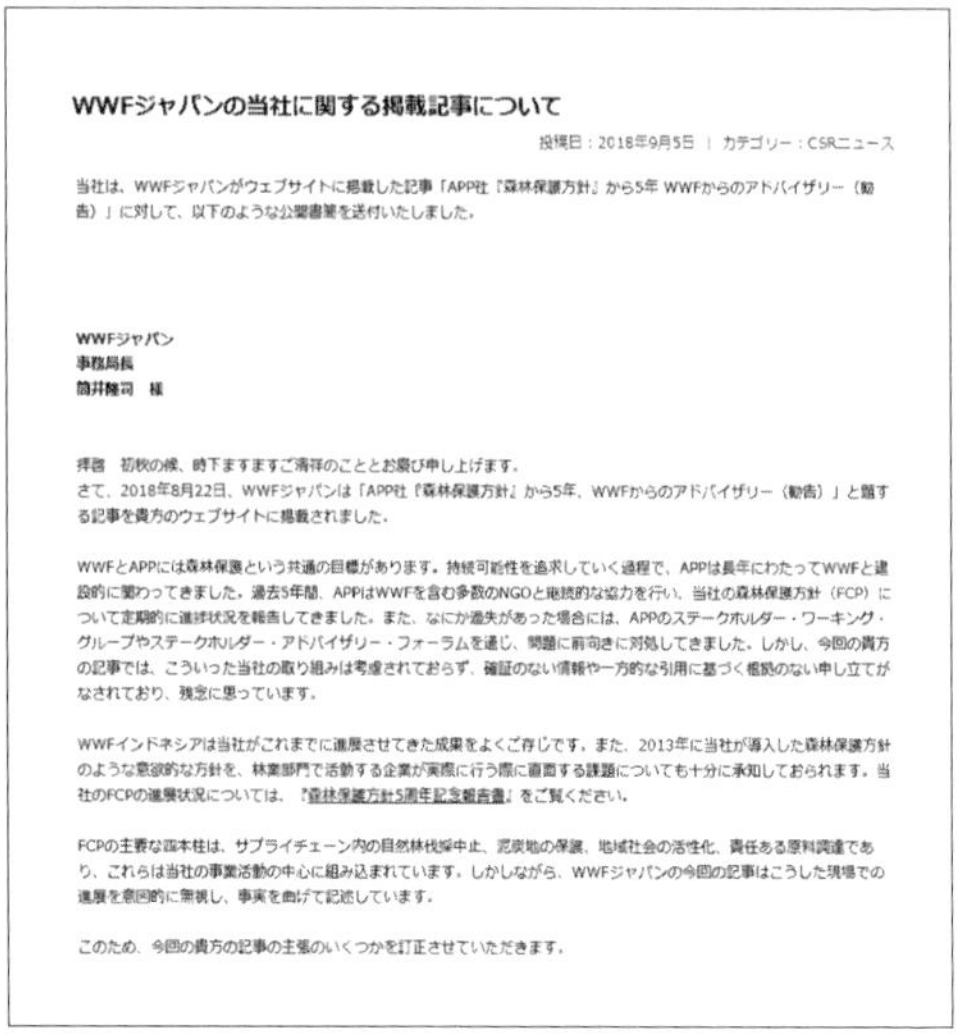
WWFジャパンの当社に関する掲載記事について

投稿日：2018年9月5日 ｜ カテゴリー：CSRニュース

当社は、WWFジャパンがウェブサイトに掲載した記事「APP社『森林保護方針』から5年 WWFからのアドバイザリー（勧告）」に対して、以下のような公開書簡を送付いたしました。

WWFジャパン
事務局長
筒井隆司　様

拝啓　初秋の候、時下ますますご清祥のこととお慶び申し上げます。
さて、2018年8月22日、WWFジャパンは「APP社『森林保護方針』から5年、WWFからのアドバイザリー（勧告）」と題する記事を貴方のウェブサイトに掲載されました。

WWFとAPPには森林保護という共通の目標があります。持続可能性を追求していく過程で、APPは長年にわたってWWFと建設的に関わってきました。過去5年間、APPはWWFを含む多数のNGOと継続的な協力を行い、当社の森林保護方針（FCP）について定期的に進捗状況を報告してきました。また、なにか過失があった場合には、APPのステークホルダー・ワーキング・グループやステークホルダー・アドバイザリー・フォーラムを通じ、問題に前向きに対処してきました。しかし、今回の貴方の記事では、こういった当社の取り組みは考慮されておらず、確証のない情報や一方的な引用に基づく根拠のない申し立てがなされており、残念に思っています。

WWFインドネシアは当社がこれまでに進展させてきた成果をよくご存じです。また、2013年に当社が導入した森林保護方針のような意欲的な方針を、林業部門で活動する企業が実際に行う際に直面する課題についても十分に承知しておられます。当社のFCPの進展状況については、『森林保護方針5周年記念報告書』をご覧ください。

FCPの主要な四本柱は、サプライチェーン内の自然林伐採中止、泥炭地の保護、地域社会の活性化、責任ある原料調達であり、これらは当社の事業活動の中心に組み込まれています。しかしながら、WWFジャパンの今回の記事はこうした現場での進展を意図的に無視し、事実を曲げて記述しています。

このため、今回の貴方の記事の主張のいくつかを訂正させていただきます。

図2-4　APPジャパンによる公開書簡
「WWFジャパンの当社に関する掲載記事について」
出所：APPジャパン［2018a］

木ペーパーノートを販売する良品計画（「無印良品」）に対して強い懸念を表明している。

「WWFからのアドバイザリー（勧告）」に対して、APPジャパンは二〇一八年九月五日にWWFジャパン事務局長へ宛てて公開書簡を送付している［APPジャパン 2018a］（**図2-4**）。その中でAPPジャパンは、「過去五年間、APPはWWFを含む多数のNGOと継続的な協力を行い、当社の森林保護方針（FCP）について定期的に進捗状況を報告」するとともに、「過失があった場合には、APPのステークホルダー・ワーキング・グループやステークホルダー・アドバイザリー・

フォーラムを通じ、問題に前向きに対処」してきたと主張し、ＷＷＦの記事は「確証のない情報や一方的な引用に基づく根拠のない申し立て」がなされていると反論している。また、「ＡＰＰのような企業がＮＧＯの非難の矛先になりやすいことは存じていますが、根拠のない、事実に反する記事を掲載しても、問題にまつわる多くの課題を解決する手助けとはなりません」と述べるとともに、「ＷＷＦとＡＰＰには森林保護という共通の目標」があり、「もしＷＷＦジャパンやＷＷＦインドネシアが景観地域の再生に関する当社の誓約で進展を望んでおられるなら、ただ非難するのではなく、共に協力していただけるようお願いいたします」と呼びかけている。ＡＰＰジャパンの公開書簡に対するＷＷＦジャパンからの公開回答はない[1]。翌二〇一九年にも両者の間で同様の非難の応酬がなされている［WWFジャパン 2019a; APPジャパン 2019］。

二〇一五年九月に開催された「国連持続可能な開発サミット」では、「我々の世界を変革する：持続可能な開発のための２０３０アジェンダ」が採択され、一七のゴール、一六九のターゲットから構成されるＳＤＧｓが掲げられた。「消費者基本計画」（二〇二〇年三月三一日閣議決定）は、「ＳＤＧｓの目標達成のためには全ての関係者が役割を果たすことが重要であり、例えばＳＤＧｓの一二番目の目標『つくる責任　つかう責任』では、事業者任せでなく消費者自らが意識を持ち、行動することが前提となっている」として「倫理的消費（エシカル消費）[2]」の普及啓発を図るとしている［消費者庁 2020］。

近年のＳＤＧｓの取り組みにおいて、政府に加えてＮＧＯや企業といった非国家アクターの役割が増す一方、時にはアクター間で対立するさまざまな情報が私たちへもたらされている。それらの情報を正しく読み、判断し、行動するために、私たちはどうすればよいのだろうか。本章ではインドネシア産の紙製品をめぐるNGOと企業の対立を事例に考えてみたい。また、私たちが暮らす「資本主義的生産様式」の世界において、消費者の倫理的で選択的な消費に強く依拠する取り組みの課題についても思索したい。

本章の構成は以下のとおりである。続く第2節では、「森林」が政治を通じてつくり出されていることについて見た後、「持続可能な森林経営」の理念と、その取り組みで影響力が増している「森林認証」制度が登場した背景について説明する。第3節では、「持続可能な森林経営」が「将来の世代のニーズを損なわずに、現代の世代のニーズを満たす」という世代間の公平性を掲げていることを踏まえて、「現在」の問題を考えるために「過去」の熱帯林破壊について振り返り、「ある時点」を基準に切断し過去を不問に付すという森林認証が抱える課題について述べる。第4節では、企業との協働が推進されるなかで、これまで熱帯林の持続可能な森林経営を目指した取り組みで重要な役割を担ってきたNGOや大学の独立性や第三者性が大きく揺らいでいることについて見た後、情報が氾濫するなかで、正しく情報を読むために「公平（フェアネス）」が重要であることを示す。第5節では、「信頼」が現代社会の複雑性を縮減するために重要な役割を果たしていることを述べた後、持続可能な森林経営をめぐる取り組みにおいて、その「信頼」を揺るがす課題について考察する。そして最後に、持続可能な社会の実現に向けて、「生産者」と「消費者」の関係が「物」と「物」の関係として現れる「資本主義的生産様式」の世界において、「人」と「人」の「信頼」を再構築する生産・流通・消費のシステムのあり方について問う。

2 「森林」と「持続可能性」をめぐるポリティクス

◈政治によってつくり出される「森林」——ポリティカル・フォレスト

日本国語大辞典［小学館編 2006: 737］で「森林」を調べてみると、「高木が密生し大きな面積を占めた植物群落」および「樹木のうっそうと茂ったさま」との説明がなされている。また、国際連合食糧農業機関（FAO）が共通の評価項目を用いて世界の森林資源の現況を報告する『世界森林資源評価2020』では、「森林」は「五メートル以上の樹木による樹幹投影面積が一〇パーセント以上で〇・五ヘクタール以上の広さがある土地（農業的および都市的な土地利用の下にある土地は含まない）」と定義されている［FAO 2018］。私たちが持つイメージと同じように、土地が最小限の樹木で覆われていることが、今日の「森林」の最も共通の理解である［Vandergeest and Peluso 2015］。

その一方で、必ずしもつねに樹木に覆われていない「森林」も存在する。Vandergeest and Peluso［2015］は、「人びとが地上の特定の物質的な構成を定義または理解することによって森林は存在する」とし、「恒久的な森林を維持するための政治的土地利用区域」を「ポリティカル・フォレスト」と呼んでいる。インドネシアの一九九九年法律第四一号「林業法」は、「恒久的な林地として、その存在が維持されるために、政府によって指定もしくは決定される特定の地域」のことを「森林地域（kawasan hutan）」と規定している。インドネシアの約七〇パーセントの国土（約一億三千万ヘクタール）

写真2-3　産業造林地（2016年3月，リアウ州）
撮影：筆者

は「森林地域」に指定されており、そのうち約六〇パーセントの「森林地域」が木材林産物を生産するための「生産林」として割り当てられ、天然林を伐採したり、紙製品の原料となるアカシアやユーカリを植林したりするための「木材林産物利用事業許可」が政府から企業に対して交付されている［藤原ほか 2015］（**写真2-3**）。

この「森林地域」は歴史的に形成されてきた。例えば、植民地政府による一八七〇年の土地法は、「個人およびコミュニティが所有していることを証明できない全ての土地は国有地である」ことを宣言した［水野・クスマニンチャス 2012］。また森林法は、どのような「種（species）」を「森林」とするのか（ゴムは栽培が始まった当初は「森林」の種として指定されたが、その後「農業」の種に変更され、現在に至っている）を規定し、これらの国有地で「森林」を確定するとともに、住民の「慣習的な行為」を「権利（合法行為）」と「犯罪（違法行為）」へと区分した［Peluso and Vandergeest 2001］。このように、「森林」は政治を通じてつくり出されており、その過程で何百万人もの人びとの生活に多大な影響を与えてきた［Vandergeest and Peluso 2015］。「ポリティカル・フォレスト」の形成は、これまで国家の森林・林業局が大きな役割を果たしてきた一方、現代では多様な非国家アクター（自然保護団体、森林認証機関、企業等）の関与［Vandergeest and Peluso 2015］や市場における問題解決を特色とする「緑の新自由主義」によって特徴づけられる［Devine and Baca 2020］。

◈持続可能な森林経営の理念と森林認証制度

続いて、「持続可能な森林経営」の理念と、その取り組みで影響力が増している「森林認証」制度が登場した背景について見てみよう。

一九九二年にブラジルのリオデジャネイロで環境保全と持続可能な開発をテーマとする「環境と開発に関する国際連合会議(地球サミット)」が開催された。その成果として、二七の原則から構成される「環境と開発に関するリオ宣言」や、リオ宣言の諸原則を実行に移すための包括的な地球規模の行動計画である「アジェンダ21」が採択されるとともに、「気候変動枠組条約」および「生物多様性条約」が締結され、「森林原則声明」が合意された。森林原則声明は、世界中のすべての森林の取り扱いに関する原理・原則を定めた初めての文書であり[国際林業協力研究会編 1993: 95]、「将来の世代のニーズを満たす能力を損ねることなく、現代の世代のニーズを満たす森林経営」という「持続可能な森林経営」の国際的な定義が確立した(3)[藤森 1996]。また、アジェンダ21および森林原則声明の合意を受けて生態地域別に九つの政府グループが形成され、持続可能な森林経営を客観的に把握し評価するための基準・指標づくりが国際的に進行した(4)[矢口 2010]。熱帯地域では国際熱帯木材機関(ITTO)によってITTO加盟熱帯木材生産国を対象にした持続可能な森林経営の基準・指標が一九九二年に作成され、これまでに一九九八年、二〇〇五年、二〇一六年に改定されている[ITTO 2016]。

これらの政府間レベルの取り組みの一方で、地球が直面する重要な環境問題に対する政府間の

図2-5　森林認証を取得したティッシュペーパー
（左：FSC認証，右：PEFC認証）
出所：王子ネピア［n.d.］，ユニバーサル・ペーパー［n.d.］

取り組みに不満を抱いていたＮＧＯは、一九九〇年代初頭から社会的あるいは環境的に問題のない形で生産されている製品に「ラベル」を貼りつけて販売する仕組みをつくることで、基準を受け入れた企業に報酬（市場アクセスや価格プレミアムなど）を与えるシステムである「認証制度」の取り組みを始めた［Auld et al. 2009］。認証制度は規則制定の権限が政府ではなく、そのような製品を求めるかどうかを選択する消費者の評価に由来する点に大きな特徴がある［Auld et al. 2009］。

　それらの認証制度の一つが「独立した第三者機関（認証機関）が一定の基準等に基づき、適切な森林経営や持続可能な森林経営が行われている森林または経営組織などを審査・認証し、それらの森林から生産された木材・木材製品を分別し表示・管理することにより、消費者の選択的な購入を通じて、持続可能な森林経営を支援する取組み」［林野庁 2016］である「森林認証」制度である。国際的な森林認証として、一九九三年にＷＷＦを中心として発足し、一〇の原則と七〇の基準（ＦＳＣ原則と基準第5-2版）に基づいて評価を行うＦＳＣ認証と、一九九九年にヨーロッパ一一か国の認証組織をもとに発足し、ＩＳＯ（国際標準化機構）原則および持続可能な森林経営に関する九つの「政府間プロセス基準」を原則とし、各国独自の認証制度を相互承認するPEFC認証の二つがある［FSCジャパン 2015; SGEC/PEFCジャパン n.d.; 林野庁 n.d.］（図2-5）。

3 熱帯林の「持続可能な森林経営」とは——「過去」を不問に付す森林認証

◈「一九九四年一一月」で切断された森林認証の基準

ギリシア語では「クロノス」（日々流れていく時間）と「カイロス」（ある出来事が起こる前と後では、意味が異なってしまうようなクロノスを切断する時間）の二つの異なった時間が存在する［佐藤 2015: 49-50］。過去・現在・未来の世代間にまたがる持続可能な森林経営の取り組みにおいて、時間の流れ（クロノス）を切断し、その前後で「持続可能性」の意味を大きく変えてしまう時間（カイロス）が、FSC認証の基準の一つである基準6・10である。同基準は、「一九九四年一一月以降に自然林から転換された人工林を含む管理区画は、通常、認証の対象とはならない」ことを規定しており［FSCジャパン 2015］、持続可能な森林経営をめぐる取り組みは「一九九四年一一月」を基準に切断され、その評価も大きく変わる。

◈日本企業による「過去」の大規模な熱帯林破壊と植林開発

現在、APP社がいくつかのNGOから強い非難を浴びる一方で、歴史を振り返ってみる

図2-6　日本企業による熱帯林破壊の問題について取り上げた本
出所：黒田・ネクトゥー［1989］，紙パルプ・植林問題市民ネットワーク［1994］，
清水［1994］，クエリナド・清水［1998］

と、かつて日本も熱帯木材の輸入と熱帯林破壊から、「環境テロリスト・ニッポン」［黒田・ネクトゥー 1989］などと国際的な非難を浴びた時代があった（図2-6）。例えばパプアニューギニアでは、一九七〇年代初頭に設立されたステティンベイ・ランバー社（日商岩井〔現双日〕）、オープン・ベイ・ティンバー社（晃和木材〔現住友林業〕）、ジャパン・ニューギニア・ティンバー（JANT）社（本州製紙〔現王子製紙〕）の三社を中心に、広大な熱帯林が伐採され、植林が行われた。その中でもとくにJANT社は、熱帯林を皆伐して植林する方式をとった世界でも稀な企業として多くの環境保護団体から非難を浴び［清水 1994］、経済・社会・自然環境への悪影響を与えた誤ったプロジェクトの典型的な例［黒田・ネクトゥー 1989］とも評された[5]。また、これらの企業による道路や橋の建設といったインフラの整備や植林は、国際協力事業団（JICA、現国際協力機構）による開発協力事業の一つである政府開発援助（ODA）の開発投融資によって支援された［加藤 1991; 清水 1992, 2002］。

ODAの支援を受けてステティンベイ・ランバー社が伐採のために建設した道路について、清水・宮内［1992: 112］は、「道幅は三〇メートルと広いが、道路の粉塵はすさまじく、車が通ったあとは先が見えない。どの車も昼間でありながらライトをつけて走っていた」と述べている。また清水［2002: 114］は、伐採地の村々と原生林の村々は気象状況が異なり、伐採地の村々では降水量が激減し、局地的な干ばつと砂漠化現象が起きており、人びとは苛酷な暑さと日照りに耐えながら暮らしていることを報告している。一九九二年の夏にステティンベイ・ランバー社の植林現場を訪問した清水［1994: 158］は、天然林が皆伐され、植林される様子について、「広大な谷また谷、山また山、斜面という斜面は、皆伐と火入れで見渡すかぎり伐りつくされ、または焼けただれた熱帯雨林の墓場と化していた。かつての熱帯雨林の面影もない。緑というものがない。灼熱の太陽と谷また谷の茶色の焼けた砂漠。転がった丸太は燻り、遠くでは大きな煙が上っていた。手前には、次の火入れを待っている谷があった」と伝えている。

また清水・宮内［1992: 127–128］は、パプアニューギニアで植林に携わっていたある造林技術者の体験の語りを次のように記している。

「伐採された熱帯雨林を植林で救おう。そう思って、私も日本企業のための植林を一所懸命していました。でもしだいに、私は植林に疑問をもちはじめたのです。植林は生態系のジェノサイドであると思うようになりました。

植林のために、残存している森をわざわざ皆伐したあと、ディーゼルなどの廃油をぶっかけ、火を入れるのです。木も小さな動物も、全部を焼き尽くします。ところが天然林であれば、なかなか焼けません。水分を豊かに含んでいるからです。ジュージューという、まるで抵抗しているようなその焼かれていくさまを見ると、木が泣いているように思えました。さらにあるとき、野豚が火を逃れようとしたのでしょう。木の穴の中で黒こげになっていました。

パプアニューギニアの森は、無比の美しさです。やさしくて、デリケートで、光っていると言ったらいいのでしょうか。人間はそれを創造することもできない。水もきれいなんです。パプアニューギニアの森は地球に残されたきわめて貴重な、無垢な天然林なのです。その森を伐るということは、まして皆伐(＝植林)は、開発という名の凌辱です。他の生命の生存権の無視です」

植林によって豊かな熱帯林と人びとの生活が失われる一方で、日系企業各社はこれらの植林を「環境にやさしい企業」の宣伝に利用した[清水 2002: 117]。

これらの植林による被害に加えて、ステティンベイ・ランバー社は、事業の一部として行っていた製材所の防虫処理場においてクロム銅ヒ素系(ＣＣＡ系)木材保存剤を不適切に使用したため、猛毒な汚染物質であるクロムと砒素を含む廃液を垂れ流し、住民の生活用水であるクリーク(小川)を汚染した[清水 2001, 2002]。これらの日系企業による森林破壊は三〇年以上にわたって続き、二〇〇四年にステティンベイ・ランバー社はマレーシアの C.S. Bos International 社、ＪＡＮＴ社はシンガポールの Yanos Trading 社および台湾の Mihaud International 社へそれぞれ売却され[NNAアジア経済ニュース 2004; 清水 2004]、原生林の乱伐と猛毒物質の垂れ流しに対する補償や汚染除去もせず撤退した[清水 2001]。

◈日本企業の姿勢の変貌——FSC認証の取得とNGOの評価の変化

二〇〇〇年代に入ると、これらの企業の姿は大きく変貌を遂げる。パプアニューギニアでは、オープン・ベイ・ティンバー社が二〇〇八年三月に七〇六五・九〇ヘクタール(ライセンスコード：FSC-C019117)、二〇一一年九月に一万二八五四ヘクタール(ライセンスコード：FSC-C103694)のFSC認証を取得している。また日商岩井(現双日)の撤退後であるが、ステティンベイ・ランバー社も二〇一一年八月に九万九四〇五ヘクタール(ライセンスコード：FSC-C107428)、二〇一四年一一月に二万一七二二・〇三ヘクタールの植林地に対してFSC認証を取得している。[6]

一方で、パプアニューギニアと同時期にODAの支援を受けて植林開発が進められたブラジルに目を向けてみると、王子製紙をはじめとする日本の紙パルプ企業一一社と伊藤忠商事が中心となって一九七一年に設立された日伯紙パルプ資源開発株式会社が、ブラジル国営リオ・ドーセ社との合弁会社として一九七三年に設立したセニブラ(CENIBRA)社の植林地(二四万九二八八・四〇ヘクタール)が二〇〇五年六月にFSC認証(ライセンスコード：FSC-C008495)を取得している[FSC データベース(二〇二〇年六月一日時点)]。二〇一二年六月以降、日伯紙パルプ資源開発およびセニブラ社は王子製紙の連結子会社となっている[王子製紙 2012]。

かつてセニブラ社の植林地も、土地の返還を求める訴訟を住民から起こされるとともに、植林地では草もあまり育たず、虫や鳥の姿も少ないことから、「沈黙の森」「緑の砂漠」と呼ばれていた［紙パルプ・植林問題市民ネットワーク 1994］。一方で近年、セニブラ社の植林地を訪問したWWFジャパンのスタッフは、「森林認証制度における環境・社会・経済への配慮に関する基準を満たし、認証を取得、維持していくためには、大変な努力が必要」であり、「そうした努力によって営まれる植林地が、劣化した土地での森林再生や希少生物の保全、野生の動植物のモニタリングを継続することなどによって、生物多様性の向上に貢献する『良い影響を与える』ということを再確認する

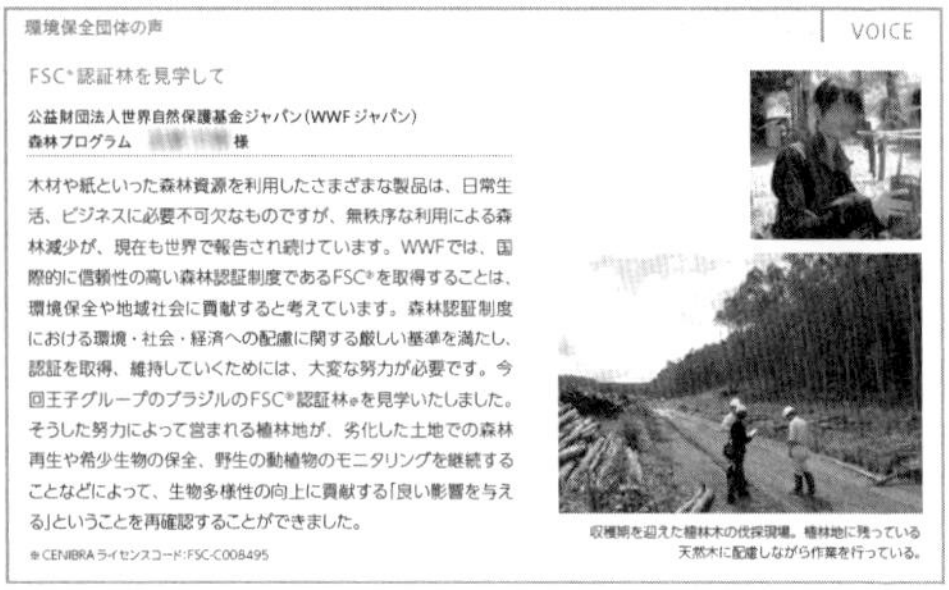

環境保全団体の声 | VOICE

FSC®認証林を見学して

公益財団法人世界自然保護基金ジャパン（WWFジャパン）
森林プログラム 様

木材や紙といった森林資源を利用したさまざまな製品は、日常生活、ビジネスに必要不可欠なものですが、無秩序な利用による森林減少が、現在も世界で報告され続けています。WWFでは、国際的に信頼性の高い森林認証制度であるFSC®を取得することは、環境保全や地域社会に貢献すると考えています。森林認証制度における環境・社会・経済への配慮に関する厳しい基準を満たし、認証を取得、維持していくためには、大変な努力が必要です。今回王子グループのブラジルのFSC®認証林※を見学いたしました。そうした努力によって営まれる植林地が、劣化した土地での森林再生や希少生物の保全、野生の動植物のモニタリングを継続することなどによって、生物多様性の向上に貢献する「良い影響を与える」ということを再確認することができました。

※CENIBRAライセンスコード：FSC-C008495

収穫期を迎えた植林木の伐採現場。植林地に残っている天然木に配慮しながら作業を行っている。

図2-7 王子ホールディングスのグループレポート．セニブラ社（ブラジル）の植林地における環境への取り組みの紹介
出所：王子ホールディングス［2014：65］

図2-8 伊藤忠商事のCSRレポート．図2-7と同様の取り組みの紹介
出所：伊藤忠商事［2012：13］

ことができました」と同社の取り組みを高く評価している［王子ホールディングス 2014: 65］（図2–7）。セニブラ社の植林地で生産されたパルプは、「ネピア」ブランドで知られる王子製紙のティッシュペーパーの原料としても使用されている［伊藤忠商事 2012］（図2–8）。現在、王子製紙はWWFジャパン、FSCジャパンとともにFSC認証の普及に取り組むとともに［王子ネピア n.d.］、国内の家庭紙メーカーとしては初めてWWFとライセンス契約を締結し、ボックスティッシュやトイレットペーパーの販売も行っている（図2–5参照）［WWFジャパン 2016a, 2016b］。

◈発展途上国の企業が取得困難なFSC認証――「持続可能性」の基準とその変化

FSC認証は、「FSCのミッションとは相反する森林破壊を行いながら、一部の限られた森林のみで適切な管理を行い、FSC認証とそれに伴う社会的評価を利用することを防ぐ」ために、「組織とFSCとの関係に関する指針」を定めている(7)［FSC ジャパン 2019］。FSCとの関係が断絶されると、「FSCミックス」（FSC認証材およびFSCが認めている適格な原材料が複数使用されている製品）で適格な原材料の一つとして認められている「管理木材(8)」の生産もできなくなる［FSC ジャパン n.d. (a), n.d. (b)］。APP社は二〇〇七年一〇月にFSCから関係が断絶され、二〇一九年一〇月二一日時点でAPP社を含む六社が関係断絶中である［FSC ジャパン 2019］。

その一方で、現行のFSC認証は制度的にAPP社をはじめとする発展途上国の企業が取得困難な構造になっている。例えばAPP社の主要な植林会社であるアララ・アバディ（Arara Abadi）社は一九九六年、ウィラカルヤ・サクティ（Wirakarya Sakti）社は二〇〇四年に産業造林の事業許可をインドネシア政府環境林業省から取得しており［Kementerian Kehutanan 2014］、FSC認証の基準6・10（「一九九四年一一月以降に自然林から転換された人工林を含む管理区画は、通常、認証の対象とはならない」）を満たすことができない。このような状況下でアララ・アバディ社は二〇一五年、ウィラカルヤ・サクティ社は二〇一九年に、FSC認証と並ぶ国際的な森林認証であるPEFC認証を取得している［PEFCデータベース（二〇二〇年六月一日時点）］。

このFSC認証の基準6・10に対して、二〇一七年一〇月にカナダのバンクーバーで開催されたFSC総会では、「一九九四年以降に自然林を転換して造られた人工林に関する要求事項として、過去の転換に対する補償としての自然生態系の復元及び保全の要求」（動議七）が可決された［FSCジャパン 2017］。この動議はWWFインドネシアのアディチャ・バユナンダ氏によって提案され、その理由について同氏は、「一九九四年の基準が障害になりつつあるのはFSCにとってますます明らかになってきて」おり、「基準変更により、FSCが設立された頃にちょうど経済がうまく回り始めた発展途上国からの業者も参加できるようになる」と説明している［Cannon 2017］。また、過去の転換に対する補償に関して同氏は、「伐採した土地と同じ面積分の土地を『元の状態に戻すか、または保存する』必要がある」、さらに「土地変換が引き起こした『社会的損害』を地域社会に補償する必要がある」との見解を示している［Cannon 2017］。

◈補償の対象外である「過去」の熱帯林破壊

FSC総会では、「一九九四年以降に自然林を転換して造られた人工林に対して、過去の転換に対する補償としての自然生態系の復元及び保全の要求」の協議がなされる一方で、一九九四年以前に自然林を転換して造られた人工林に対する補償は求められていない。

ＪＡＮＴ社が皆伐した四〇年後、パプアニューギニアのゴゴール渓谷を訪問した清水〔2014〕は、「クリーク〔水路〕は、土砂の流入で飲み水にはならない。水量もない。魚もいない。以前には大きな魚がいっぱいいいたのに。大切だった樹はすべて失った。今は二次林と痩せた土地があるだけ。蚊と飢えとが私たちを苦しめる。私たちの土地が砂漠化しているので、何をしても不作である。それが悲しい。家族を支えるための森がない。せめて私に政府が補償をしてほしい」、「森がないから、未来の子どもたちに何も贈るものがなくてこれほど悲しいことはない」との住民の悲痛な声を伝えている。また、「未来の子どもたちに何も残せない、荒廃した大地や汚染しか残せない。人間として、これほど悲しいことがあるであろうか」と胸中を吐露している〔清水 2014〕。ゴゴール渓谷の住民たちは政府に補償請求書を提出している(9)。

4　対立を超えて——情報を正しく判断するために

◈氾濫する情報と揺らぐ第三者性

正しい情報は、消費者である私たちの選択的な購入だけではなく、情報の共有と議論、および主権者である私たちが代表者を選ぶ選挙によって成り立つ民主主義の根幹でもある〔平 2017; 古賀

2019]。一九九〇年代後半以降に急速に普及したインターネットによってマスメディアを通さずに個人や団体が自由に情報発信をできるようになり[菅谷 2000]、近年ではソーシャルメディアを通じて誰でも簡単にニュースを発信できるようになった[藤代 2017]。同時に、ガバナンスに関わるアクターが志向する価値や「問題」のとらえ方が多様化してきている。そして、それらの多様なアクターが自らの利害に基づくさまざまな情報を世間に流すことで、何が重要で信頼すべき情報なのかを選り分けることが困難になってきている[笹岡 2017]。また、私たちが情報を得るために日々利用している日本の報道機関では、調査報道に代表される記者がそれぞれ独自の取材によって権力者を監視し、責任を追及する「アカウンタビリティ・ジャーナリズム」に代わって、公的機関や業界団体などの取材を目的に大手メディアが中心になって構成される日本の記者クラブのような特定の情報源に依存する「アクセス・ジャーナリズム」が主流となっており、記者が取材相手から容易に情報を得ることができる一方、取材相手を批判するような記事を書けなくなってしまう問題点が指摘されている[三浦 2017; ファクラー 2020]。このようななか、「フェイクニュース」(政治的または商業的な目的で通常意図的にばらまかれる虚偽の情報)[BBC 2018]が社会問題化し、「メディア不信」はグローバルなテーマとなっている[林 2017]。

同様の問題は、地球環境問題やSDGsの取り組みにおいて、近年「パートナーシップ」や「超学際研究」といった「企業との協働」が推進されるなかで大学やNGOでも起きているように思われる。例えば、九州大学がAPP社による森林保護を支援することを目的に同社の産業造林地内にある保護区で行った調査は、地元のマスメディアによって報道されるとともに[detiknews 2016;

REPUBLIKA 2016］、広告記事「世界が注目するＡＰＰの『森林保護方針』九州大学の複合チームがその持続性を探る」として日経ビジネスに掲載され［日経ビジネス 2015: 87–89］、ＡＰＰ社の企業イメージの向上のためにも使用された（図2–9）。

ＮＧＯについて見てみると、グリーンピースのように政府や企業からの財政支援を受けずに活動するＮＧＯがある一方［グリーンピース・ジャパン 2020］、ＷＷＦジャパンは「環境ＮＧＯと企業との真のＷｉｎ－Ｗｉｎ関係構築の時代へ」を基本姿勢として掲げ、「複雑化・長期化・グローバル化する地球環境問題に取り組むためには、企業の参加が不可欠」であるとして、企業とＮＧＯの双方にとってメリットがあるパートナーシップを推進している［ＷＷＦジャパン n.d. (a)］。

図2–9　APP社の「森林保護方針」を紹介した広告記事
出所：日経ビジネス［2015：87］

ＷＷＦジャパンの決算報告書（二〇一九年六月期（第四九期））によると、二〇一八年七月一日から二〇一九年六月三〇日までの一年間で約二億五千万円の法人寄付金があり、二〇一五年六月期（第四五期）と比較すると約二・八倍に増加している[10]［ＷＷＦジャパン 2015, 2019b］。

このように法人からの寄付金が近年大きく増加している一方、WWFジャパンは法人寄付金の寄付者と金額の内訳について公開していない。その内訳についてWWFジャパンへ問い合わせたところ、「法人寄付金の寄付者のリストは、これまで問い合わせがなく、また用意するとなると対象者数が多く、スタッフの手間も非常にかかるため開示することはできない」との回答があった[WWFジャパン 2020b]。

「WWFからのアドバイザリー(勧告)」では、APP社の問題の一つとして操業の「全容把握」が指摘されており、WWFジャパンは「APP社は傘下の系列・関係会社とサプライヤーを明らかにし、まずその環境及び社会的負荷の全容を把握可能な状態にする必要がある」ことを強く求めている[WWF-Indonesia 2018]。またWWFジャパンは、定款の中で「情報公開」について「この法人は、公正で開かれた活動を推進する為、その活動状況、運営内容、財務資料等を積極的に公開するものとする」(第五三条)ことを定めるとともに[WWFジャパン 2011a]、七つの行動原則の一つとして「その運営に当たっては、費用対効果を考慮し、最も厳しい説明責任基準に則って、いただいた寄付金を活用する」ことを掲げている[WWFジャパン n.d.(b)]。しかし、法人寄付金の寄付者や金額の内訳については、情報を公開し説明する意向を持っていない。その結果、私たちが「企業とのパートナーシップ」の全容について把握したり、APP社と競合する紙パルプ企業からの寄付金が含まれないかといった利益相反について検証し、「WWFからのアドバイザリー(勧告)」の正当性について判断したりすることを困難にしている。

また「WWFからのアドバイザリー(勧告)」の中では、SMG/APP社およびその関係会社と取引をしないように強い勧告がなされているが〔WWF-Indonesia 2018〕、WWFの法人会員である王子ホールディングスは同勧告後に、段ボール事業に関する合弁会社をAPP社のグループ会社と設立している〔王子ホールディングス 2018; APPジャパン 2018b〕。WWFジャパンの法人会員規則は、「禁止事項」として「当会の名誉を傷つけ、信用を失墜させ、その他当会の活動の趣旨に反する行動をとること」(第一〇条(五))を規定しているが〔WWFジャパン 2011b〕、WWFジャパンへ問い合わせたところ、「王子ホールディングスがAPP社のグループ会社と合弁会社を設立したことが、法人会員規則を含む何かの規則に抵触しているとは考えていない」との回答があった〔WWFジャパン 2020b〕。すなわち、SMG/APP社およびその関係会社と取引をしないように企業や投資家に広く呼びかける一方で、法人会員によるSMG/APP社との取引については、WWFジャパンの活動の趣旨に反しないという見解を持っており、「WWFからのアドバイザリー(勧告)」と法人会員への対応には矛盾が見られる。また、インドネシアで産業造林事業を行う子会社が地域社会との土地紛争を引き起こしている法人会員の丸紅〔FoEジャパン 2017; 原田 2017〕(本書第七章参照)に対しても、非難をこれまで表明していない(11)。

これに関連して、学術・研究分野では、国際的な総合学術雑誌である『Nature』が「(金銭的および非金銭的)利益相反」を「データの客観的な発表、分析、解釈に関する論文著者の判断と行動に対して影響を及ぼす可能性がある、副次的利益(論文の客観性、誠実性、価値を直接的に害する、あるいは害していると考えられる状態を生じさせるもの)が存在すること」と定義し、「科学研究の過程に対する目が厳しくなっている昨今、透明性のある情報開示によって、読者一人一人が誌上発表された研究成果についての結論を出せるようにすることが、国民の信頼を維持するための最良の道」として、利益相反の申告を論文著者に求め、「今後、査読過程の一環として、利益相反情報を開示した文書全文を査読者に閲覧させ、インターネット上で公表」することを社説で宣言している[Nature 2018]。

すなわち、熱帯林の持続可能な森林経営のためには「真に独立した第三者による定期検証」が重要である一方で、かつてその役割を担っていたNGOや大学の独立性や第三者性は近年、企業との協働が推進されるなかで大きく揺らいでいる。それゆえ、私たちが「真に独立した第三者」として、企業や政府のみならずNGO、大学、メディアの行動を監視していくことが重要になっている。

◈情報の「公正さ」と持続可能な社会を実現するための「輿論」

私たちは、独立した第三者として熱帯林の持続可能な森林経営に関わるアクターの行動を監視していくことが求められる一方、自分が持つ意見や価値観に一致したり仮説を肯定したりする情報ばかりを集め、それらに反する情報を無視してしまう「確証バイアス」を持っていることが、多くの研究によって指摘されている[笹原 2018; 猪谷 2019]。さらに近年では、私たちの個人情報を学習したインターネットの検索アルゴリズムによって、自分にとって都合の良い情報や興味関心がある情報のみが表示され、「見たいものしか見ない」のではなく「見たいものしか見えない」情報環境がつくり出される「フィルターバブル」の問題も指摘されている[Pariser 2011＝2016; 藤代 2017; 笹原 2018]。そして私たちが、自分の好む情報と同じ意見や考えばかりが共鳴する世界に閉じこもり、自分とは異なる意見には耳を傾けなくなる「エコーチャンバー現象」によって社会が分断されることも懸念されている〔平 2017; 笹原 2018; 古賀 2019〕。佐藤〔2015: 16〕は、「実証性や客観性を軽視もしくは無視して、自分が欲するように世界を理解する態度」を「反知性主義」と呼んでいる。また、オックスフォード英語辞典を出版するオックスフォード大学出版局は、「ポスト真実」(客観的事実よりも感情的な訴えかけの方が世論形成に大きく影響する状況)を二〇一六年の「Word of the Year」として選定している〔BBC NEWS JAPAN 2016〕。

さまざまな情報が氾濫するなかで正しく情報を読むためには、私たちは「事実(ファクト)」と「公正(フェアネス)」に留意する必要がある。(12) もともと、「公正(フェアネス)」はキリスト教の神が人間を裁くときの態度を指し、西欧型民主主義社会の報道における「正確さ」は、数字や固有名詞、日時や場所が合っているかといった「校正・校閲的な正しさ(accuracy)」ではなく、「どれほど神が知っている真実に近いか(truthfulness)」として定義され、「フェアネスの原則」は「ニュートラル原則」(取材対象に利害関係を持たない)や「インディペンデンス原則」(他者の介入を許さずに自己決定権を持つ)に並ぶ重要な原則となっている〔烏賀陽 2017〕。つまり、一つの事実には複数の見方があり、私たちが目にする情報は情報発信者の主観によって取捨選択されたものの見方の一つにすぎず、すなわち「何かを伝えるということは、裏返せば何かを伝えないこと」であることを私たちは情報を読む際に心に留めておく必要がある〔菅谷 2000; 佐藤 2015〕。したがって、情報における公正とは「肯定的な内容も否定的な内容も両方が記述してある」ことであり、ある問題に対して正負反対の記述をしている記事や書籍などの両方を読むことによって、私たちは日常生活の中で「公正(フェアネス)」を実践することができる(13)［鳥賀陽 2017］。

かつて、「世間一般の感情」を指す「セロン（世論）」と、「正確な事実を基に議論を重ねて出来上がった『社会的合意』」を指す「ヨロン（輿論）」は異なる言葉であった［三浦 2017］。正確な事実に基づいて議論し、持続可能な森林経営、さらには持続可能な社会を実現するための輿論をつくり上げていくことが私たちに求められている。

5 社会の複雑性を縮減するための「信頼」——人と人の関係の再構築

私たちの身のまわりは多くの商品であふれている。本章で取り上げた紙製品もその商品の一つである。消費者である私たちは、ティッシュペーパー、トイレットペーパー、ノート、コピー用紙といった紙製品が、どのような人によってどのような環境でつくられたのかについて知らなくても、お店でお金を支払うことによって、それらの商品を手に入れることができる。また現代社会の複雑な市場の交換システムの中で、商品を生産した人や環境について私たちが知ろうとしたとしても、それらについて正確に知ることは実質的に不可能である。本来、「生産者」と「消費者」の関係は、その商品を生産した人と消費する人との間の「人」と「人」の関係である。しかし、金を支払うことによって商品を手に入れる現代社会において、「生産者」と「消費者」の関係は「物（生産物）」と「物（貨幣）」の関係として現れている。私たちはそのような「人」と「人」との関係が、あたかも「物」と「物」の関係として現れる「資本主義的生産様式」の世界で暮らしている［Harvey 2010＝2011］。

ルーマンは、複雑化する世界において「他者がなにを行うかを観察し、それに基づいて自分の態度を決めていくには、観察し態度を選びうるための時間は短」く、「その時間において把捉して消化しうる複雑性はほんの僅かであり、従ってそこで獲得されうる合理性もごく僅かである」とし、「信頼」が「社会的な複雑性を縮減しており、それゆえリスクを引き受けることをとおして生活態度を単純化している」ことを指摘している[Luhmann 1968＝1990]。すなわち、「私たちは、信頼の置くものについては、いちいちその真偽や真意を問うことをせず、その領分については、それを担当する人間や組織、あるいは『システム』にお任せをして、起こりうる難問への対応をはしょって」おり、現在の「私たちの社会生活は『信頼』なしには到底成立しえない」状態になっている[林 2017]。

現代社会の複雑な市場の交換システムにおいて、「生産者」と「消費者」の関係が「物」と「物」の関係として現れるなかで、両者の間の信頼を構築するために、これまで第三者性を有するアクター(NGOや大学など)の情報発信が重要な役割を果たすとともに、森林認証制度のような第三者機関による認証制度が発達してきた。そして私たちは、商品を生産した人や環境について自らが情報収集を行って判断する代わりに、第三者性を有するアクターが発信する情報や認証機関が認証した商品に信頼を置いてきた。しかし、本章でも見たように、これらの情報発信や認証制度には消費者の「信頼」を揺るがす大きな課題も残されている。

第一に、近年の地球環境問題やSDGsの取り組みにおいて、企業との協働が推進されるなかで生じた利益相反によって、NGOや大学の第三者性が大きく揺らいでいることである。今後も

NGOや大学による情報発信が消費者から信頼されるためには第三者性を維持することが重要であり、そのためには利益相反に関する情報の透明性や説明責任が不可欠である。ルーマンは、「信頼はつねに、ある際どい選択肢に関わるものであり、この際どい選択肢においては、信頼を実際に示して得られる利益よりも、信頼が期待外れに終わったときの損失の方が大きい」ことを指摘している［Luhmann 1968＝1990］。消費者からの信頼を維持するために、利益相反に関する情報を開示する取り組みも始まっているが、現状としてはいまだ不十分な面もある。

第二に、私たちが目にする「持続可能性」は、それぞれのアクターによって政治的につくり出されたものであり、すべての人が認める「持続可能性」の基準は存在しないことである。かつて植民地政府の森林法が住民の「慣習的な行為」を「権利（合法行為）」と「犯罪（違法行為）」へと区分したように、それぞれの森林認証制度が定めた基準は熱帯諸国の森林管理を「持続可能な経営」と「非持続可能な森林経営」へと区分する（本書コラムC参照）。例えば、FSC認証の基準の一つである基準6・10を見てみると、「一九九四年一一月」を基準に「同じ行為」を「持続可能な森林経営」と「非持続可能な森林経営」へ区分している。FSC認証は最も信頼される森林認証制度としてNGOによって推進される一方［WWFジャパン 2020c］、「一九九四年一一月」以前に熱帯林が破壊されることによって生じた被害に対しては補償の対象外であり、そのような被害に対して問題意識を有する消費者の「持続可能性」の基準を満たすことはできない。また現行の森林認証制度（FSC認証・PEFC認証）は、紙・パルプ生産の原料を工場へ供給するためにアカシアやユーカリといった単一樹種で覆われた三〇万ヘクタールもの人工林（東京都の約一・四倍、福岡市の約八・七倍の面積に相当）をも「持続可能な森林経営」として認証している。本来の経済的合理性は自然と人間の物質代謝の基礎の上に追求されるべきものであるが、当面の利益の増大のみを目的とし、地力を犠牲にすることをやむを得ないとする生産も続いている［中村 1995］。私たちは「自然」をつくり出すことができないため、経済的な生産活動は「自然」が持続可能な許容範囲の中で行われる必要がある。それゆえ、膨大なエネルギーを消費する工場での大量生産を支えるために造成された「大規模」人工林が、果たして持続可能なものといえるのかについて疑問を抱く消費者もいるだろう。

かつて「生産者」と「消費者」の関係が「人」と「人」の関係であった時代、私たちは購入する商品をどのような人がどのような環境でつくったのかについて知ることができた。しかしグローバリゼーションによって、ヒト、モノ、カネ、情報が容易に国境を越え、地球規模で移動するようになった現代社会において、私たちが日々の生活で消費する商品を生産した人や環境について知ることはきわめて困難であり、「生産者」と「消費者」の関係は「物（生産物）」と「物（貨幣）」の関係として現れている。それゆえ、私たちは金を払ってモノを買うという当たり前の日常生活の中で、それらの商品がある環境で誰かの手によってつくり出されたものであるという事実を忘れがちである。市場における交換がきわめて複雑化した現代社会おいて、いかに「人」と「人」の関係を再構築することができるのか。持続可能な社会の実現に向けて、生産者と消費者の間の「信頼」を構築する生産・流通・消費のシステムのあり方が問われている。

註

(1) APPジャパンの公開書簡に対してWWFジャパンが公開回答をしない理由について尋ねたところ、「APP社とのやり取りに関しては、長年その森林施業の改善に協力的な姿勢を取ってまいりました。同社がより責任ある森林管理への姿勢転換を掲げた折には、それを歓迎も致しましたが、それが名ばかりのもので、再三の対話と要請にもかかわらず、現在までに内実の伴った実行は叶っていません。WWFとしては、そうした状況の中、あらためて行った問題の指摘を取りあげ、その時々で『協力的に対話している』や『対話してくれない』を使い分け、時には問題を指摘するNGOを非難し、己に非はないような主張を続けるAPP社の姿勢にこそ、問題があると考えております。これらについては、すでにWEBサイトでも指摘しており、あらためて書簡の件などのみを取り上げた対外的な対応は不要と考えております」との回答があった[WWFジャパン 2020b]。

(2) 「消費者基本計画」(二〇二〇年三月三一日閣議決定)は、「地域の活性化や雇用等も含む、人や社会・環境に配慮して消費者が自ら考える賢い消費行動」と定義している[消費者庁 2020]。また「倫理的消費」調査研究会は、物の「ライフサイクルの『つながり』を可視化することを試み、それによって、社会や環境に対する負担や影響といった社会的費用や世代内と世代間の公正の確保、持続可能性を意識しつつ、社会や環境に配慮した工程・流通で製造された商品・サービスを積極的に選択し、消費後の廃棄についても配慮する消費活動」であり、「消費者それぞれが、各自にとっての社会的課題の解決を考慮したり、そうした課題に取り組む事業者を応援したりしながら、消費活動を行うこと」と定義している[消費者庁 2017]。

(3) 森林原則声明のⅡ原則/要素2(b)では、「森林資源及び林地は、現在及び将来の世代の人びとの社会的、経済的、生態学的、文化的、精神的な必要を満たすため持続的に経営されるべきである。これらの必要は、木材、木製品、水、食料、飼料、医薬品、燃料、住居、雇用、余暇、野生生物の生息地、景観の多様性、炭素の吸収源・貯蔵源のような森林の財及びサービス及びその他の林産物に対するものである。森林の全ての多用な価値を維持するため、森林を大気汚染を含む汚染、火災、害虫、病気による有害な影響から保護するための適切な措置がとられるべきである」ことが合意された[国際林業協力研究会編 1993: 104]。

(4) アジェンダ21の第一一章「森林減少への挑戦」C・11・24(b)では、「すべての種類の森林の経営、保全、及び持続可能な開発のための科学的な裏打ちをされた基準及びガイドラインを設定すること」[国際林業協力研究会編 1993: 140]、森林原則声明のⅡ原則/要素8(d)では「森林の持続可能な経営及び利用は、国の開発政策と優先順位に従い、また、国の環境上健全なガイドラインに基づいて行われるべきである。そのようなガイドラインの策定に際しては、関連する国際的に合意された手法と基準が、適当な場合であって、かつ、適用可能ならば、考慮されるべきである」[国際林業協力研究会編 1993: 115]ことが合意された。

(5) 住民がパプアニューギアの森の暮らしとJANT社による森林伐採の記憶を描いた絵本として、クエリナド・清水[1998]がある。

(6) その後、ステティンベイ・ランバー社のFSC認証は二〇一四年一二月、二〇一九年一一月にそれぞれ取り消された[FSCデータベース(二〇二〇年六月一日時点)]。

(7) FSCが許容できない活動である、①違法伐採、または違法な木材または林産物の取引、②森林施業における伝統的権利及び人権の侵害、③森林施業における高い保護価値(HCV)の破壊、④森林から人工林または森林以外への土地利用への重大な転換、⑤森林施業における遺伝子組み換え生物の導入、⑥国際労働機関(ILO)中核的労働基準への違反の六つの活動に直接的または間接的に関与した場合、FSCとの関係が断絶される[FSCジャパン 2019]。

(8) 認証材ではないものの、FSCが容認しない、①違法に伐採された木材、②伝統的権利、人権を侵害して伐採された木材、③高い保護価値を有し、その価値が施業活動によって脅かされている森林で伐採された木材、④天然林の転換を目的とした伐採によって搬出された木材、⑤遺伝子組み換え樹木が植えられたエリアから伐採された木材以外をいう[FSCジャパン n.d. (b)]。

(9) FSC総会での議論を踏まえて、「一九九四年以前に自然林を転換して造られた人工林を保有する日本の製紙会社に対しても同様に『過去の転換の補償としての自然生態系の復元及び保全』を今後求めていく必要があるか」についてWWFジャパンの見解を尋ねたところ、「先般のFSC総会における決定については、完全に最善ではなくともおおむね持続可能な森林利用の方針として、支持できる内容と考えております。ご質問いただいた一九九四年以前に転換された人工林に関しては、では何年であれば最適かという正解を導き出すのは困難であると考えています」との回答があった[WWFジャパン 2020b]。

（10） ＷＷＦジャパンの決算報告書によると、二〇一四年七月一日から二〇一五年六月三〇日までの一年間（二〇一五年六月期〔第四五期〕）で八八四七万七三二一円、二〇一八年七月一日から二〇一九年六月三〇日までの一年間（二〇一九年六月期〔第四九期〕）で二億四七五二万五六二五円の法人寄付金があった。

（11） ＷＷＦジャパンの法人会員である丸紅の子会社であるムシ・フタン・ペルサダ社（PT Musi Hutan Persada）がインドネシアの南スマトラ州で引き起こしている地域社会との社会紛争に対して、「これまでＷＷＦジャパンが丸紅に対してどのような対応をとってきたのか」について尋ねたところ、「こちらについては直接の情報がなく、親会社と子会社の関係やどの程度の責任が発生している問題なのか、今時点では判断ができません。ほかにも調べていけば同様の例はあるかもしれませんが、環境保全を支援する企業としての姿勢に問題があると判断した場合は、何らかの意見を具申することを検討したいと思います」との回答があった［WWF ジャパン 2020b］。同社が引き起こしている地域社会との社会紛争の問題については、これまでＪＡＴＡＮやＦｏＥジャパンといったＮＧＯによって精力的な情報発信がなされるとともに［FoE ジャパン 2017; 原田 2017］、ムシ・フタン・ペルサダ社が「丸紅の一〇〇パーセント子会社」であることは、丸紅のウェブサイトでも公開されている「YouTube」動画においても紹介がなされている［丸紅 2020］。

（12） 日本でファクトチェックの普及活動を行う非営利団体である「ファクトチェック・イニシアティブ（ＦＩＪ）」は、ファクトチェックのためのガイドラインを策定しており、その中でファクトチェックは「公開された言説のうち、客観的に検証可能な事実について言及した事項に限定して真実性・正確性を検証し、その結果を発表する営み」と定義されている［ファクトチェック・イニシアティブ 2019］。また「国際ファクトチェックネットワーク（ＩＦＣＮ）」は、①非党派性・公正性、②情報源の透明性、③財源と組織の透明性、④方法論の透明性、⑤訂正の公開性の五つの原則から構成される「ファクトチェック綱領」を定めており、その中でも、①非党派性・公正性はファクトチェックで最も重要な理念とされ、ファクトチェックを行う際は自分の主観や意見を極力排して、公正さを重視し事実の究明に徹することを求めている［立岩・楊井 2018］。

（13） 情報を正しく読むための「事実（ファクト）」と「公正（フェアネス）」に留意するためには、批判的に思考することが重要である。楠見[2016]は、「批判的思考」を「証拠に基づく論理的で偏りのない思考」、「自分の思考過程を意識的に吟味する、省察的(reflective)で熟慮的な思考」、「より良い思考を行うために目標や文脈に応じて実行される、目標指向的な思考」と定義し、批判的思考において大切なこととして、「相手の発言に耳を傾け、証拠や論理、感情を的確に解釈すること」、「自分の考えに誤りや偏りがないかを振り返ること」を挙げ、「相手の発言に耳を傾けずに攻撃することは、批判的な思考と正反対の事柄」と指摘している。

謝辞

本稿は、ＪＳＰＳ科研費JP17K15340およびJST-RISTEX「フューチャー・アース構想の推進事業」の支援を受けたものです。また「企業との協働と利益相反」に関する質問票にご回答いただいた「公益財団法人世界自然保護基金ジャパン(ＷＷＦジャパン)」に感謝いたします。

利益相反

本稿に関して、開示すべき利益相反関連事項はありません。

コラムA

「森林保護方針」の裏側

——AP通信の記事より

▣中司喬之

インドネシアの大手総合製紙メーカーであるアジア・パルプ・アンド・ペーパー（APP：Asia Pulp and Paper）社は、これまでに森林破壊や社会紛争などさまざまな問題を引き起こしてきたとして、国際社会から非難の声を浴びてきた。そのような中で、二〇一三年に「森林保護方針（Forest Conservation Policy）」を発表し、持続可能な森林経営に向けて大きく舵を切った。この方針では、保全価値の高い森林（HCVF）や泥炭地での温室効果ガスの排出削減、社会紛争の回避・解決が掲げられており、APP社がサプライチェーンを通じて関係を持つすべての企業に適用されることになっている（本書第一章参照）。

しかし、森林破壊や森林火災を引き起こしてきた企業で、これまでAPP社との関係がないとされてきた企業が、実はAPPと深い関係を持っていたというスキャンダル記事を二〇一七年一二月にAP通信が発表した［Wright 2017］（図A-1）。これは、APPが二〇一三年以降、森林保護方針を大きく宣伝する一方で、見えない関係性を通じてこれらの問題に加担し続けていたということを意味している。

APPのサプライヤーには、APPとの資本関係がある企業のほかに、所有またはいかなる形においても関係がないとされてきた「独立系」の企業が存在する。しかし、「独立系」であるとされてきた二七社のうち、ほとんどすべての企業に対してAPPが重大な影響力を持っていることがAP通信の記事で明らかにされた。AP通信社は、一一〇〇ページにわたる商業登記簿をレビューすることで、これらの企業が一〇人の個人により所有されていることを突きとめた。このうち六人はAPPの親会社であるシナール・マス・グループ（SMG：Sinar Mas Group）の現従業員、二人は元従業員、一人はSMGを所有するウィジャヤ一家の関係者であった。このうち数人は、SMG傘下の植林事業を担う企業、シナール・マス・フォレストリー（SMF：Sinar Mas Forestry）社の財務部に従事していた。さらに、SNS（ソーシャル・ネットワーキング・サービス）上のプロフィール、ニュース記事、業界紙やその他の情報とこれらの文書にある誕生日などの略歴を照合することで八人の身元を特定した。「独立系」サプライヤー二七社のうち二五社については持株会社を通じてこれらの個人が直接的な影響力を持っているが、持株会社のほとんどはSMGのオフィスに拠点を置いており、同社の関係者が重役を務めていた。また、AP通信社が確認したAPPの内部資料によれば、不特定多数のサプライヤーにローンやその他サービスの提供、長期的な木材原料供給の合意、そして例外的な取引関係などを通じて重大な影響力を持っていた。

　この記事の中では、APPが関係を持っているとされる企業が引き起こした問題事例についても取り上げられている。

　一つは、ムアラ・スンガイ・ランダック（MSL：Muara Sungai Landak）社という西カリマンタン州で産業造林を行っている企業が、二〇一四年以降、約三千ヘクタールの森林を破壊していた事実である。この企業はSMF社の従業員二人によって所有されていることが判明している。政府が発行したレポー

AP Exclusive: Pulp giant tied to companies accused of fires

By STEPHEN WRIGHT　December 21, 2017

Click to

RELATED TOPICS

Deforestation

AP Top News

JAKARTA, Indonesia (AP) — Despite its denials, one of the world's biggest paper producers has extensive behind-the-scenes ties and significant influence over wood suppliers linked to fires and deforestation that have degraded Indonesia's stunning natural environment, The Associated Press has found.

Indonesia's Sinarmas — better known by its international trade name, Asia Pulp & Paper — has insisted in company publications, public events and to the media that most of the companies that supply it with wood are "independent," not owned by it or in other ways affiliated with it.

図A-1　AP通信が2017年に報じた記事

出所：Wright［2017］

トによれば、伐採された木材の一部はペレットとなり、「持続可能なエネルギー資源」として国内市場に流通していたという。これに対してAPPは、「MSL社はAPPのサプライヤーではなく、一切の取引関係を持っていない」と断言する。その一方で、MSL社が西カリマンタン州での森林破壊を引き起こしているという事実については言及していない。

もう一つは、APPのサプライヤーが二〇一五年の森林火災に関与していたという事実である。インドネシア政府は、二〇一五年に森林火災を引き起こした疑いでSMGの傘下にある五社に対して制裁を与えた。APPは、これらの企業のうちサプライヤーであった二社との取引を一時的に停止することを発表した。しかし、この二社について、これまで「独立系」であるとされてきたが、AP通信社の調査でシナール・マス・グループの従業員により所有されていることが判明した。このうち、ブミ・ムカール・ヒジャウ(BMH：Bumi Mekar Hijau)社については、二〇一四年に火災を引き起こしたとして環境林業省から民事訴訟を受け、生態系回復にかかる費用として七・九兆インドネシアルピアの支払いを命じられている。APPはこの報道に対して、「指摘されている企業は独立系のサプライヤーであり、APPの影響力が及ぶ範囲の外である」ことを理由に一切の責任がないことを主張している一方で、問題の事実関係については反論の中で触れていない。

APPは自主的な行動規範である森林保護方針による前向きな取り組みを進める一方で、自らの責任の及ぶ範囲を限定することで批判をかわしている。国際環境NGOグリーンピースは、二〇一三以降、APPによる森林保護方針の取り組みを後押しするために協定(エンゲージメント)を結んでいたが、この記事を受けて破棄することを決定した[Greenpeace International 2018]。環境NGOはこの報道を受けて、APPの親会社であるシナール・マス・グループが関係しているすべての企業の所有関係を明らかにし、グループ企業全体としてこれらの企業への責任を負うことを求めている。

コラムB

スマトラ島の森林消失「問題」のフレーミングを問う

■笹岡正俊

ある主体が、「問題」となる「状況の定義」を行うことを、社会学や政治学では「フレーミング」と呼ぶ。ある出来事が社会問題だと認識されるとき、その「問題」は、客観的に把握可能な状況の直接的な産物としてあるのではない。複雑な状況の中で、特定の何かを中心的な「問題」として位置づける主体がまずいて、その主体が「これが問題だ！」と告発し、そのフレーム（そのようにして切り取られた問題設定の枠組み）を多くの人が受け入れる、という社会過程を経て、はじめて社会「問題」というものが姿を現す。

ここで大事なのは、フレーミングの仕方は複数あるということ。つまり、いま目にし、耳にしている、「このような憂慮すべき事態があり、それをなくすためにはこれが必要だ」という「問題」の語られ方は、数あるフレーミングの一つにすぎないということ。そして、もう一つ大事なのは、フレーミングのされ方は、その「問題」と何らかの関係を持つアクターの利害と深く関わっている、ということ。言い換えると、ある特定のフレームが社会に浸透することによって、得をしたり、損をしたりする人たちがいるということである。

したがって、ある「問題」についての語りに出合ったときには、それを鵜呑みにせず、フレーミングのされ方を吟味することが必要になってくる。とくに、何が起きているのかについて科学的知見が十分に揃っていない問題ではなおさらだ。その不確実性が、ある人たちにとって都合の良いフレームをつくり出すことを可能にするからである。熱帯林消失もそうした問題の一つだ。

このコラムでは、以上述べたことを具体的に考えるために、二〇一六年に『日経ビジネスオンライン』に掲載された、ある「記事」を取り上げる。タイトルは「誰もが不可能と見たスマトラ森林保全――未来を拓いたのはAPP」である（図B―1）。ここで「記事」と書いたが、その制作者は「日経BP社経営本部広告部」である。おそらくこれは、いわゆる「記事広告」――通常の記事の体裁を備えつつも、依頼者の意向を受けて編集される広告（「アドバトリアル」とも呼ばれる）――だ。その制作依頼者は、内容から判断して、APPの日本における販売会社、エイピーピー・ジャパン株式会社だと考えられる。

この「記事」は、全体を通して同社の取り組みのすばらしさを称揚するトーンで書かれており、何かと〝突っ込みどころ〟の多い内容になっている。この「記事」一つから、大手商業メディアを活用した企業のCSR広報のあり方――情報の選択的開示（第一章）、記事に似せた広告を用いる宣伝手法、広報活動への専門家の取り込みなど――についていろいろと考えることができる。だが、ここではスマトラ島における森林消失「問題」に触れた部分を取り上げ、フレームの妥当性を吟味する際にどのようなポイントに留意すればよいかについて述べたい。まずはその該当部分を見てみよう。

> スマトラの森林保全を進める上で、看過できないのが焼畑農業による森林火災。焼畑農業は近隣諸国への深刻な煙害を及ぼすとされ、抑止が求められている。しかし、焼畑による土地の開拓は、農業・畜産にとって容易かつ安価な方法であり、地域コミュニティにとって重要な生計手段のひとつになっている。
>
> そこで、APPが開始したのが「統合森林農業システム」。その取り組みについて、APPインドネシア持続可能性およびステークホルダー担当役員（中略）は次のように語る。
>
> 「COP21（二〇一五年、国連気候変動枠組条約第二一回締約国会議）において発表した同システムは、リアウ、ジャンビ、南スマトラ、東西カリマンタンの五地域にある五〇〇カ所の村落の地域住民へ、家畜の飼育や持続可能な青果栽培技術を指導することで、焼畑を伴わない代替的生計手段を提供するものです」

持続可能な森林経営を実現するために、APPは森林そのものの管理だけでなく、インドネシアにおける景観レベルの森林保護・再生に取り組んでいるが、一企業だけでの実現は難しい。（中略）森林保護と保全活動の成功には地域コミュニティの積極的な協力と支援が不可欠だと、APPは確信している（〔　〕内は引用者）［日経BP社経営本部広告部 2016］。

ここではスマトラ島の森林保全をめぐる問題に関するフレーミングがなされている。その構造をよりよく理解するために、①前提となる「事実」認識と、②そこから導き出される解決策の二つの点から整理してみてみよう。まず、記事の前提となる「事実」認識として、スマトラ島の森林保全を進めるうえで見逃せない「問題」が焼畑農業による森林火災であり、焼畑農業は深刻な煙害を及ぼすとされていること（明言はしていないが、つまりは焼畑農業が引き起こす森林火災が森林消失と煙害の重要な要因である、ということ）、しかし、焼畑農業は地域住民にとって重要な生計手段の一つであること（よって、これも明言してはいないが、単にそれを禁止するだけでは駄目であること）が述べられている。そして、それを踏まえた「解決策」として、焼畑を伴わない代替生計手段を住民に提供することが必要だ、ということが示されている。

このフレーミングは、さまざまな角度からの批判的検討が可能だが（例えば、環境調和的な在来農法を含む「焼畑農業」と、常畑耕地造成のための「火入れ開拓」とを区別しなくてよいのか、進めるべき「森林保全」の対象としていかなる「森林」が想定されているのかなど）、

日経ビジネス
課題となる貧困解決・多民族社会での住民理解
誰もが不可能と見たスマトラ森林保全
未来を拓いたのはAPP

急速に進む地球温暖化。これまで熱帯雨林を守ろうとする声は高かったが、抜本的な解決の手立てはなく、21世紀となってもこの分野でイノベーションが起きることはなかった。そんな中、世界に先駆けて行動を起こしたのがアジア・パルプ・アンド・ペーパー・グループ（以下APP）。地域住民による生計手段確保のための森林伐採や多民族問題などを抱え、極めて困難と言われてきたインドネシアの森林保全において、次々と施策を実施し世界の注目を集めている。2013年、「自然林伐採ゼロ」を誓い事業転換を図ったAPP。サステナビリティを推進するリーダー企業が、これまで歩んできた軌跡と現在の取り組み、今後の展望を語った。

APPインドネシアCEO　リング・ウイジャヤ氏
日経新聞 インタビュー映像

APPが景観保護・再生支援に取り組む対象地域

図B-1　スマトラ島の森林消失問題に関するAPP社のインタビューが掲載された「記事」
出所：日経BP社経営本部広告部［2016］

ここでは、産業造林と森林火災との関係に着目して検討したい。

インドネシアではここ数十年の間、ほぼ毎年のように、乾季に大規模な森林火災が起きている。この「記事」が書かれる一年前の二〇一五年には、インドネシア全土で二六〇万ヘクタール以上が燃えたとされる近年で最も大規模な森林火災が起きた。この年のホットスポット(衛星画像で確認できた火災が起きている地点)の分布を衛星画像データの解析により調べたジュッカ・ミエティネンらの研究[Miettinen et al. 2017]によると、スマトラ島全体で、ホットスポットの六一パーセントが泥炭地(残りはミネラル土壌の土地)にあった。このように、近年の森林火災の多くは泥炭地で起きている。

ミエティネンらの研究では、スマトラ島の中でも激しい森林火災が起きた三つの州(リアウ州、ジャンビ州、南スマトラ州)において、泥炭地火災の何割ぐらいが「産業用プランテーション」(アブラヤシ農園と産業造林)や「小規模農家の土地」(家屋、農地、休閑地などが入り混じった土地)で起きているかを示している。それによると、ホットスポット数の割合は、リアウ州では「産業用プランテーション」と「小規模農家の土地」がどちらも約三〇パーセント(この割合は、その州における泥炭地火災の全ホットスポット数に対する割合を示している)、ジャンビ州ではそれぞれ約二五パーセントと約一〇パーセント、三つの州の中で最も大面積の土地が燃えた南スマトラ州ではそれぞれ約六〇パーセントと五パーセントに満たないわずかな割合となっていた[Miettinen et al. 2017]。このように、泥炭地火災の多くが企業の事業地で起きているのである。

序章で述べたように、アブラヤシ農園企業や産業造林企業は、事業地拡大の過程で、泥炭地開発(水路建設による排水と乾燥化)を行ってきた(写真B–1)。泥炭は乾くとおが屑状になり、これに火がつくと鎮火は難しい。また通常の森林火災と違って、地上の植物体が燃えるだけでなく、土中に堆積した泥炭も燃えるので、大量の煙と二酸化炭素を出す。それがもたらす健康被害の深刻さという点でも、気候変動への影響の大きさという点でも、泥炭地における火災の予防は、スマトラ島の森林保全を進めるうえで重要な課題とされている。

一般に、火災の直接的原因としては、常畑耕地造成のための「火入れ開拓」、タバコの火や焚き火の不始末、小農の焼畑などが挙げられているが、それぞれの火災の「火元」について正確なことはわかっていない。このフレーミングで想定されているように、人びとの焼畑が火災の直接的原因になったケースもあるかもしれない。しかし、先述のとおり企業の事業地内にある泥炭地で多くの火災が起きていることを踏まえると、その重要な背景的要因（遠因）の一つに産業用プランテーション造成のための泥炭地開発があることは間違いない。

写真B-1　APP社のサプライヤーであるW社が泥炭地を開発して造成した植林地
（2015年9月，ジャンビ州タンジュンジャブンバラット県S村付近）
撮影：筆者

そのことに関連して、二〇一五年の大規模森林火災を引き起こした責任をAPPはNGOから名指しで問われている。スマトラ島で活動する環境NGOの連合体「アイズ・オン・ザ・フォレスト」の報告書は、スマトラ島の泥炭地で確認された全ホットスポットの五三パーセントがAPPのサプライヤーの事業地の中に位置していたと述べている。また、いくつかのNGOが、これら激しく燃えている泥炭地を産業造林地として維持することが「持続可能なビジネス」といえるのか疑問を呈している、とも述べている[Eyes on the Forest 2015]。

しかしながら「記事」は、産業造林企業による泥炭地開発とそこでの事業活動が大規模森林火災の遠因をつくってきたことには一切触れないで、焼畑農業だけを悪者にし、APPの行っている地域住民支援活動が意味のあるものであると読者にうまく印象づけている。そして、泥炭地でこれまでどおりに造林事業を行うことがよいのかどうか、その見直しをも含めた徹底した火災予防と泥炭地の適切な管理を、求められる「解決策」から排除し、産業造林企業の利権を守ることに貢献している。

　ところで、熱帯林消失を引き起こしてきた「張本人」として、焼畑農業を悪者に仕立てるこうした言説は、これまでにもたびたび繰り返されてきた。政治生態学者の佐藤仁は、あるフレームが社会に広く受け入れられていく条件として、シンプルでわかりやすいこと、反証しにくいことなどに加えて、力のある人たちの利害を損なわないことを挙げている[佐藤 2019]。焼畑農業悪者説が繰り返されるのは、それがそうした条件を備えたものだからだろう。

　話を元に戻そう。以上みてきたフレームがまさにそうであったように、憂慮すべき状況として何をどう拾い上げ、そこから何を解決策として提示するか、という「問題の定義の仕方」次第では、本来は私たちが目を向けるべき重要な事柄から、私たちの目をそむけさせることもある。したがって、ある「問題」が語られる時、そのフレームの妥当性を吟味してみる必要がある。では、実際にどうすればそれが可能なのか。

　以下のことを自問することから始めてみよう。この「問題」の語りの前提には、どのような「事実」認識があるだろうか。解決のために必要な方策として何が提案されているだろうか。そうした「事実」認識は正しいのだろうか。それとは異なる、あるいは対立する「事実」認識はないのだろうか。このフレームが視野に入れていないことは何か。このフレームを採用すると、どのような事柄が隠蔽される(不問に付される)可能性があるだろうか。また、それによって誰が得をし、誰が損をするだろうか——。

　本書第二章で藤原敬大は、さまざまな情報が氾濫するなかで、情報を正しく読むことの大切さを指摘している。熱帯林の利用や管理をめぐる「問題」についての語りに出合った時、これらの問いについて思考し、自ら情報を集め、そのフレームを吟味することも、「情報を正しく読む」ための一つの具体的な方法だ。

II

認証制度が現場にもたらしたもの

アブラヤシ農園で働く女性
（2009年7月，東カリマンタン州パセール県）
撮影：寺内大左

第三章

パーム油認証ラベルの裏側

文脈なき「正しさ」が現場にもたらす悪い化学反応

■寺内大左

1 はじめに

スナック菓子、フライドポテト、アイスクリーム、チョコレート、マーガリン、石鹸、洗剤、化粧品など、私たちの身のまわりの多様な製品にパーム油が使用されている。パーム油は世界で最も消費されている植物油であり、日本でもその供給量は菜種油に次いで二番目に多い。しかし、製品の原材料表示には「植物油」「植物性油脂」としか書かれていないため、パーム油に依存した生活を送っていることを私たちは知らない。パーム油は「見えない油」と言われている。

インドネシアは世界で最もパーム原油を生産する国である。パーム油はアブラヤシの実から搾油した油のことをいい、二〇一八年のインドネシアのアブラヤシ農園面積は一四三三万ヘクタールに達している［DJPKP 2019: 26］。この面積は北海道、四国、九州の面積を足し合わせても足りない広さである。アブラヤシ農園の拡大によってさまざまな環境・社会問題が引き起こされてきた。企業の農園開発によって、熱帯林が減少し、地球温暖化の促進や生物多様性の減少が引き起こされてきた［Sheil et al. 2009: 25–30, 31–33］。先住民の土地の収奪、伝統的な生業の破壊、生活環境の悪化なども引き起こされてきた［Marti 2008］。一方、二〇〇〇年以降は、小規模農家（以下、小農）のアブラヤシ農園も増加し、二〇一八年にはインドネシアのアブラヤシ農園全体の四一パーセント（五八二万ヘクタール）を占めるに至っている［DJPKP 2019: 26］。小農のアブラヤシ農園の増加によって熱帯林の減少が引き起こされ、不適切な農業実践（例えば、不適切な施肥、不適切な農薬散布など）によるアブラヤシ生果房（以下、果房）の低生産性、果房の質の低下、川の水質や土壌の劣化・汚染、小農の健康被害などの問題が引き起こされている(1)［Brandi et al. 2015: 294, 305–306］。

このようなパーム油生産に関連する問題に対処するために、生産者（企業、小農）、製油業者・商社、製品製造業者、環境・自然保護NGO、社会開発NGO、銀行・投資家、小売業者といった世界の多様な関係者が集い、「持続可能なパーム油のための円卓会議（RSPO：Roundtable on Sustainable Palm Oil）」が二〇〇四年に組織された。そして、RSPOは環境・社会・経済的に持続可能な生産のための基準を策定し、その基準を満たす生産者を認証する「原則・基準（Principles & Criteria）認証」制度と、搾油・流通・製造に関わる主体を対象にした「サプライチェーン認証」制度を策定した。認証パーム油を使用した製品には認証ラベルが付与され、消費者が優先的にその認証製品を購入すれば、持続可能なアブラヤシ生産を行う生産主体に利益が還元されるという仕組みをつくったのである。

普通に考えて、私たち消費者は、積極的にＲＳＰＯ認証ラベルのある製品を購入し、持続可能なアブラヤシ生産を行う主体に貢献した方が良いはずである。しかし、インドネシアの東カリマンタン州とリアウ州で小農を対象にフィールド調査を行ってきた筆者は、小農を対象にした原則・基準認証に違和感を覚えるようになった。小農の生活や環境に寄与すべきはずの制度が、現場の問題を見えにくくしたり、生活や環境に寄与するどころか逆効果を招いたり、場合によっては小農に苦痛をもたらしたりするリスクを有しているのではないかと感じるようになったのである。

本章では、現場の実態から小農を対象としたＲＳＰＯ認証制度を再検討し、その問題点を浮き彫りにしていきたい。なお、小農を対象としたＲＳＰＯ認証制度には、企業と契約・協働している小農（スキーム小農）を対象にしている制度と、企業から独立している小農（独立小農）を対象にしている制度の二種類が存在する。本章で取り上げるのは、後者の独立小農を対象としたＲＳＰＯ認証制度（以下、独立小農ＲＳＰＯ認証制度）の方である。

2　独立小農ＲＳＰＯ認証制度

独立小農ＲＳＰＯ認証（原則・基準認証）制度は二〇一〇年に策定されている。そこには八つの原則のもとに、三九の基準と一二七の指標が定められており、認証を取得しようとする小農はこれらを満たす必要がある。八つの原則とは、①透明性へのコミットメント、②適用法律と規則の遵守、③長期的な経済・財政的実行可能性へのコミットメント、④生産者による最善手法の活用、⑤環境への責任と自然資源および生物多様性の保全、⑥生産者により影響を受ける従業員や個人、地域社会への責任ある対応、⑦責任ある新規農園開発、⑧主要な活動分野における継続的な改善へのコミットメント、である［RSPO 2010］。

しかし、これらの原則・基準は、農園企業を対象に策定した原則・基準がベースになっており、小農の置かれた現実や利害、能力や資源を踏まえて策定されているわけではなかった［RSPO 2017: 5］。そこで、小農の持続可能なアブラヤシ生産と持続可能な生計の達成を目標とし、より簡略化された独立小農RSPO認証制度が二〇一九年一一月に新たに策定された。この制度には一年間の移行期間（二〇二〇年一一月まで）が設けられた。新たな独立小農RSPO認証制度では、四つの原則のもとに、二三の基準と五八の指標が定められている。原則1は、専門的かつ透明性のある生産方法を実施することで、「生産性、効率性、好影響、そして回復力を最大化すること」と定められている。原則2では、「法律を遵守し、土地の権利とコミュニティの福利（wellbeing）を尊重すること」と定められている。原則3では、「農園労働者の権利と労働条件を含む人権を尊重すること」と定められている。原則4では、「生態系と環境を保護・保全し、向上すること」と定められている［RSPO 2019］。

RSPOが策定した原則・基準・指標は国際標準として各国に適用されるが、各国の状況に応じて解釈されることになっており、実際の現場はその国別解釈に従うことになっている。二〇一〇年の独立小農RSPO認証制度に対するインドネシアの国別解釈は、同じく二〇一〇年に作成されている。簡略化された新たな独立小農RSPO認証制度に対するインドネシアの国別解釈はまだ存在しない。しかし、おそらく二〇一〇年の国別解釈の対応箇所の内容が踏襲されると考えられる。そこで次節からは、二〇一〇年の独立小農RSPO認証の国別解釈［Indonesian Smallholder Working Group 2010］が抱える課題を現場の実態から再検討していこう。具体的に、原則2「適用法律と規則の遵守」（二〇二〇年版の原則・基準認証の原則2に対応）と原則4「生産者による最善手法の活用」（二〇二〇年版の原則・基準認証の原則1に対応）のリスク、そして、独立小農RSPO認証制度そのもののリスクを説明する。

3 原則2「適用法律と規則の遵守」が不可視化する問題

本節では、原則2「適用法律と規則の遵守」が、現行の法律・規則の下で起きている問題を不可視化し、不問にしてしまうリスクを有していることを指摘する。

原則2の基準2・2のガイダンスには、「土地所有証明書は、州・県政府によって定められた空間土地利用計画の中の『林地（kawasan hutan）』や『保全地域（kawasan lindung）』の土地に発行されていてはならない」と記されている。このガイダンスの意味を理解するために、まずはインドネシアの土地に関する法規則を説明しよう。

インドネシアの州政府と県政府は空間土地利用計画を策定している。空間土地利用計画は、林業のために利用するエリアを「林地」、農園開発をはじめとする林業以外の目的で利用するエリアを「他用途地域(areal penggunaan lain)」、保全すべきエリアを「保全地域」と定めている。政府が土地の利用方法と利用エリアの大枠を決めているのである。小農がアブラヤシ農園を造成し、土地所有証明書を公的に申請できるのは「他用途地域」のみとなっている。すなわち、アブラヤシ農園が「林地」や「保全地域」に存在する場合、その農園は違法農園ということになり、RSPO認証の対象外ということになる。しかし、実際は小農のアブラヤシ農園が「林地」にあることが少なくない。法律に背いてアブラヤシ農園を「林地」に造成しているのだから、RSPO認証の対象外になって当然と思われるかもしれないが、「林地」に農園をつくるその背景には、不公平な土地利用権の配分という問題が潜んでいたり、そもそも「林地」「他用途地域」の境界策定に問題があるかもしれないのである。以下、この二つの問題を詳述していこう。

◈不公平な土地利用権の配分

東カリマンタン州パセール県S村の事例を紹介しよう(図3−1)。S村の村人は「林地」でアブラヤシ農園開発を行っていた。「行っていた」というより、「行わざるを得なかった」という表現が適切である。その理由を理解するために、S村における農園開発の歴史を説明しよう。話を伺ったのは村役場の書記官Sy氏である。Sy氏は一九六〇年に生まれ、一九六八年から調査当時(二〇一五年)に至るまでS村で生活している。S村の生き字引的な存在である。

Sy氏は一九六九年にS村の小学校に入学している。その当時、S村の人びとは焼畑で米・野

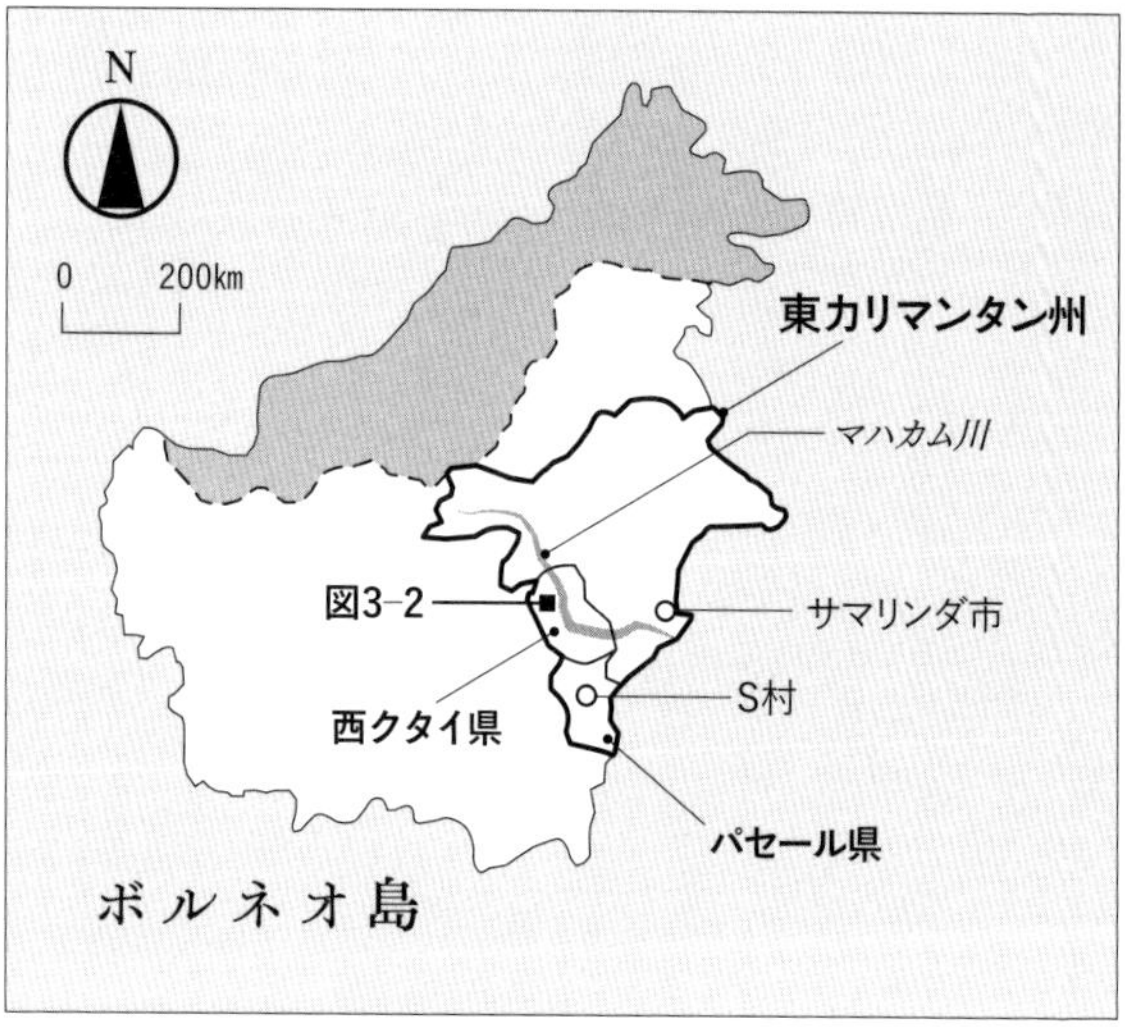

図3-1　東カリマンタン州の事例対象地

出所：筆者作成.

菜を生産し、森からラタン（籐《とう》）を採集・販売して収入を得るという生活を送っていた。現在、アスファルトの幹線道路がS村の南北を貫いているが、当時は土の小さな道だった。集落は道に沿って存在し、焼畑は主にその道の西側で行われていた。

一九八一年一一月、国営農園企業PTPN（Perkebunan Nusantara）一三社（当時は組織改変前だったのでPTPN六社）がS村の領域に進出し、道の西側でアブラヤシ農園開発を開始した。道の西側には村人の焼畑や焼畑二次林が広がっていたが、交渉も補償もなく、一方的に接収されてしまった。

一九八九年に、PTPN一三社に続いて、民間のアブラヤシ農園企業BWS（Buana Wirasubur Sakti）社がPTPN一三社の農園の西側の領域に進出してきた。村の最も西側のエリアは「林地」となっており、BWS社は「林地」とPTPN一三社の農園の間に進出したのであった。そこにも村人の焼畑や焼畑二次林が存在したわけだが、一方的に土地を接収されてしまった。これで道の西側は、「林地」エリアまで農園企業の農園でほとんどが占められることになったのである。

ここで、PTPN一三社とBWS社が農園開発を行った当時の時代背景について説明したい。一九六七年から一九九八年までスハルト独裁政権の時代であった。スハルト政権は国家政策として企業の開発を推進していた。当時、地元住民の声はなきに等しく、開発に反対しようものなら企業と癒着した軍隊や警察が出動し、住民を抑え込むという時代であった［河合 2011: 58; 永田・新井 2006: 56］。このような時代であったから、S村の人びともなすすべもなく、土地が農園企業に接収されてしまったのであった。

農園企業の開発のみならず、一九九二年から一九九六年にかけて、地元住民のための農園開発政策も実施された。道沿いに一〇〇から一五〇ヘクタールくらいのアブラヤシ農園が造成された。しかし、道沿いに土地を持っている村人は全体の約二〇パーセントで、ほとんどがこの農園開発政策を利用することができなかったという。

一九九〇年代後半頃から果房の価格が上昇し、村人はアブラヤシ生産から高収入を獲得できることを知るようになった。そして、村人たちは自力で農園造成を行うようになった。道の西側は企業の農園によって占拠されているため、企業の農園のさらに西側、すなわち「林地」で村人はアブラヤシ農園を造成するようになった。道の東側にも海岸までの間にわずかに土地が存在したのだが、そのすべてで農園を造成しつくしていたので、道の西側に新たな土地を求めるしかない状況だったのである。

現在、村内でアブラヤシ農園を造成するには、西側の「林地」で造成するか、村外で土地を見つけるかのどちらかしかない状況にあるという。

以上、道沿いの利用しやすい「他用途地域」に対して、政府が農園企業に事業権を付与し、農園企業が土地を強引に接収したことで、村人の農園造成が「林地」に追いやられている実態が明らかになった。このようなケースでは、小農が「林地」に農園を造成する違法行為を問題視する前に、違法行為をせざるを得なくした不公平な土地利用権の配分を問題視する必要があるといえる。他地域においても、「不公平な土地利用権の配分」が要因となり、「林地」における小農の農園造成が進んでいる可能性がある。原則2「適用法律と規則の遵守」は、こういった不公平な土地利用権の配分問題を不可視化し、不問にしてしまうという問題を有しているのである。

◈「林地」「他用途地域」の境界策定は適切か

前述のように、アブラヤシ農園の造成は「他用途地域」でのみ許されている。そのため、小農にとっては「他用途地域」のエリアが重要になってくるのだが、この「林地」と「他用途地域」の境界の策定が適切なのか疑わしいところがある。東カリマンタン州西クタイ県の空間土地利用計画図を確認すると、「他用途地域」のエリアが極端に狭くなっているような地域もあれば、最上流の村、言い換えれば最も森林に近い村であるにもかかわらず、「他用途地域」エリアが広い村も存在する。

例えば、筆者が訪れたことのある西クタイ県のJ村、Sb村、D村、T村では、極端に「他用途地域」のエリアが狭い(図3-2)。とくに手つかずの森林が残っているなど、林業のための重要地域というわけでもなさそうであった。この四村の村人は、集落から一〜二キロメートル離れた土地に農園を造成しただけで、「林地」の中の違法農園になってしまう。一方、最上流に位置するI村の周辺には、ほかに村が存在しないにもかかわらず、十分な「他用途地域」エリアが設定されている（図3-2参照）。

州政府・県政府の行政官がすべての地域をくまなく歩き、現場の実態に即して、すべての村に平等になるように「林地」「他用途地域」の境界を策定することは不可能であろう。しかし、政府の規則として定められた「林地」「他用途地域」の境界は、農園を合法農園と違法農園に分ける境界として厳格な意味を持って現場に現れる。不適切な境界策定そのものに原因があるにもかかわらず、小農の農園が不当に違法農園として扱われることになる可能性もあるのである。原則2「適用法律と規則の遵守」は、不適切な境界策定の問題を不問にしてしまうリスクを有しているといえる。

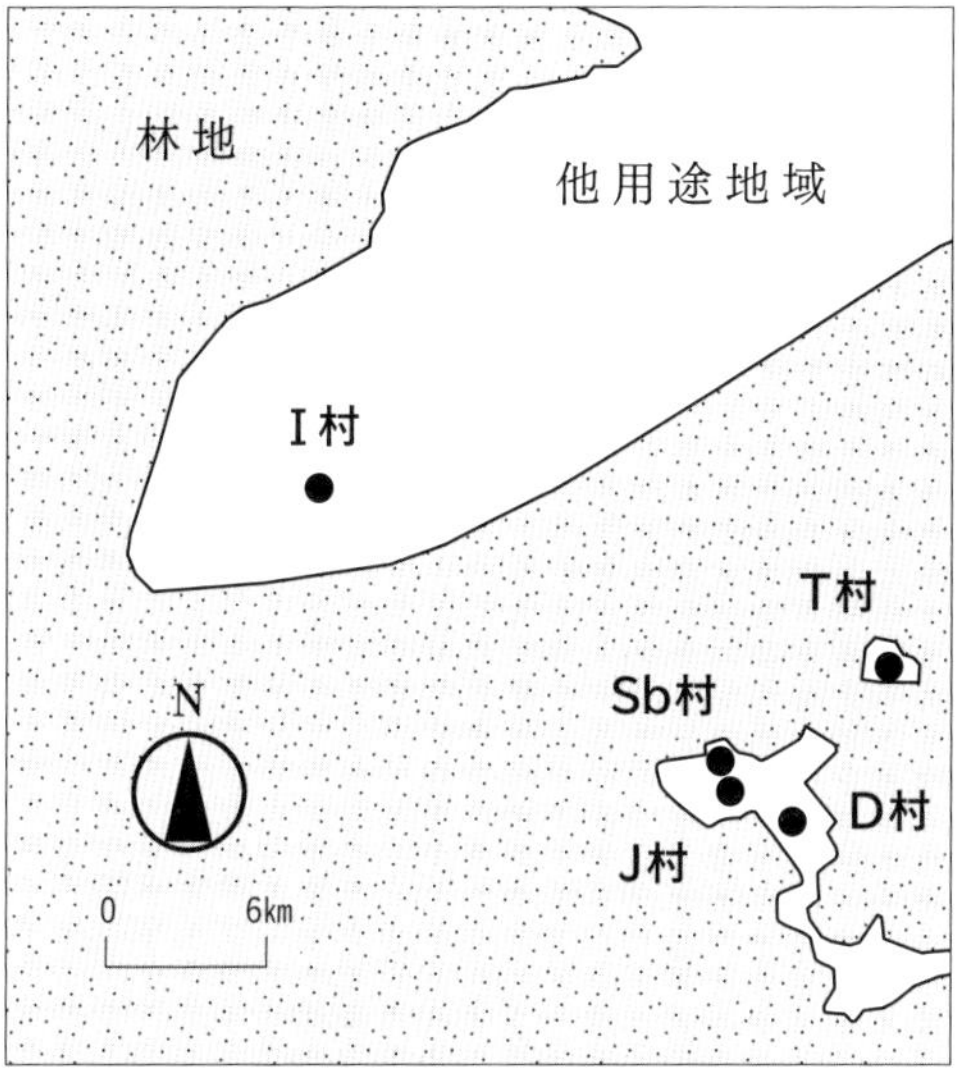

図3-2　西クタイ県内の「林地」「他用途地域」のエリアが偏っている地域の例

出所：Webgis Kementerian Lingkungan Hidup dan Kehutanan に基づき筆者作成．

4 原則4「生産者による最善手法の活用」は最善か

◈原則4が定める最善手法とはどのようなものか

原則4基準1の施業手順に関するガイダンスに、「小農は、農業省農園総局発行の『アブラヤシ生産技術の手引書』に則って、適切な農業手法（good agricultural practices）を実践する必要がある」と記されている。独立小農RSPO認証制度のインドネシアの国別解釈では、小農の適切な農業手法（アブラヤシ生産）は『アブラヤシ生産技術の手引書』の生産方法と定められているのである。では、この手引書はどのような内容なのだろうか。

まず、この手引書の冒頭部にある背景と目的の内容を紹介しよう。背景として、世界の植物性油の需要増大に応えるためにパーム油生産を推進する必要があること、インドネシアのパーム油産業の国際的な競争力を高める必要があることが説明されている。一方で、小農の生産性の低さ、小農と企業との間で生産性のギャップが広がっていることが問題として指摘されている［DJPKP 2014: 1–3］。このような背景を踏まえて、小農や小農組織を含むすべてのアクターを対象に、①生産量・生産性の向上、②生産物の質の向上、③産業原料の供給の促進を目的として、この手引書が作成されていると記されている［DJPKP 2014: 3］。

以上の背景・目的を踏まえ、この手引書では具体的なアブラヤシ農園の造成方法や農園の管理・

収穫の方法が説明されている。その内容は労働力と資材（肥料・農薬）を多投して、単一の農園作物（アブラヤシ）を集約的に生産する方法、すなわちプランテーション技術を指導する内容になっている。原則4の「最善手法」のベースとなっている適切な農業手法は、このプランテーション技術を用いた生産方法なのである。

以上のことから、この手引書における課題のとらえ方（背景）や目的の設定は、インドネシア国家（農業省）の視点からなされており、小農の視点からなされていないことがわかるであろう。世界の植物性油の需要増大に応えること、国家のパーム油産業の国際的な競争力を高めることなど、小農にとってはどうでもよいことであろう。小農は生活を良くしたいのである。国別解釈によって、独立小農RSPO認証制度が国家の意向を代弁する制度と化してしまっているといえる。

では、手引書のプランテーション技術が国家にとっての適切な農業手法であるのなら、小農の生活にとっての適切な農業手法とはいったい何なのだろうか。

◈プランテーション技術を好まない小農

小農といっても多様であるため、すべての小農にとっての唯一の適切な農業手法が存在すると筆者は考えていない。しかし、東カリマンタン州の西クタイ県とパセール県でフィールド調査を実施するなかで、プランテーション技術よりもアグロフォレストリー技術を選好する小農が少なからずいることを確認している。アグロフォレストリー技術とは、一つの土地に多種多様な作物・樹木を混植し、少ない労働力と資材を用いて多種多様な農林作物を生産する方法である。東カリマンタン州の小農は、伝統的にこの生産方法を採用してきた。以下、プランテーション技術を採用する農園を近代的農園、アグロフォレストリー技術を採用する農園を伝統的農園と表現し、西クタイ県とパセール県の小農の土地利用の選好・実践を紹介していこう。

西クタイ県の先住民である焼畑民は、焼畑で食糧を生産し、焼畑跡地にラタン、ゴムノキといった商品作物・樹木を植え、樹園地を造成してきた。樹園地の管理はほとんど行われないため、森林のような樹園地が造成されることになる。樹園地では天然更新した有用樹（果樹など）も管理されている。また、焼畑造成時に意図的に伐採しなかった建築材用の樹木が残っていたりする。そのため、樹園地からは植栽した商品作物・樹木が生産されるだけでなく、果実や薪、薬草、建築用材、野生動物などさまざまな林産物の収穫が可能である。以上のように、焼畑民はアグロフォレストリー技術を用いて伝統的農園を造成してきたのである［寺内ほか 2010: 249–253］（写真3–1）。

この西クタイ県では、一九八〇年代と一九九〇年代に政府の近代的ゴム農園開発事業が実施され（写真3–2）、二〇〇〇年以降は企業によってアブラヤシのプランテーション開発が大規模に進められている。筆者は西クタイ県の焼畑民に伝統的農園と近代的なゴム農園・アブラヤシ農園を比較してもらい、焼畑民の土地利用の選好を調査した。結果、近代的農園の生産性の高さとそれによる収入増加に期待を寄せつつも、農園作物以外の有用作物・樹木の混植が禁止されていることなどを理由に、伝統的農園を選好する焼畑民が少なからずいることが明らかになった［Terauchi et al. 2014: 268–269; 寺内ほか 2010: 249–253］。

また、政府の近代的ゴム農園開発事業に対する焼畑民の対応からも、プランテーション技術よりもアグロフォレストリー技術を選好していることを確認できた。焼畑民は政府事業を通して肥料・農薬の支援を受けられる間は近代的ゴム農園を造成するが、事業が終了すると、肥料・農薬を使用せずに従来の方法で伝統的ゴム農園を造成するようになっていた［Terauchi and Inoue 2011: 76–77］。焼畑民の経済的状況を踏まえると、農業資材の費用が少ない伝統的農園の方が造成しやすい。また、害獣害虫・病気・火災などさまざまな自然要因による農園生産失敗のリスクが存在し、生産失

写真3–1　伝統的ゴム園（2007年11月）
撮影：筆者

写真3–2　近代的ゴム農園（2007年5月）
撮影：筆者

敗時のダメージを考えると、農園の造成・維持費用は少ないほうがよいのであろう。また焼畑民の中には、政府事業を利用して造成した近代的ゴム農園の中に、事業終了後、果樹やキャッサバを植え、伝統的農園化する者も存在した［Terauchi and Inoue 2011: 77］。この近代的ゴム農園の伝統的農園化は、西カリマンタン州の焼畑民の事例でも報告されている［Penot 2004: 235–237］。焼畑民にとっては、伝統的ゴム農園の方がゴム樹液のみならずさまざまな自給用の農林作物を収穫でき、生活の多様なニーズに応えることができることから好まれているのだと考えられる。

次に、東カリマンタン州で最もアブラヤシ農園開発が進んでいるパセール県の小農の土地利用を紹介しよう。パセール県では、一九八〇年代初めに企業によってアブラヤシ農園開発が開始され、調査当時（二〇一五年）、小農はさまざまな方法でアブラヤシ生産に従事していた。小農の多くは、企業との協働・契約に基づいて造成した農園や、政府のアブラヤシ農園造成支援事業を通して造成した農園を所有しており、そこではプランテーション技術を用いたアブラヤシ生産を実施していた(2)。その一方で、小農が自主的に造成したアブラヤシ農園では、アブラヤシの植栽一年目と二年目の未収穫時に、自給用の農作物を間作したり、さまざまな有用樹木を混植していたりしていた。ある小農は一つのアブラヤシ農園に二五種類の有用植物を植栽し、アブラヤシと一緒に管理していた。また、既存の果樹園、バナナ園、ゴム園を伐りひらかずに、そのままアブラヤシを植栽し、多種多様な有用樹木からなるアブラヤシ農園を造成している例もあった［寺内 2011: 45–46］。以上のように、プランテーション生産の経験を有するパセール県の小農も、土地の利用方法を一つに限定せずに、農園を多種多様に利用するアブラヤシ・アグロフォレストリーとでも呼べるような土地利用も実践していたのであった（写真3-3）。

小農によるアブラヤシ・アグロフォレストリーの実践は、東カリマンタン州パセール県に限った話ではないようである。インドネシアの中で小農のアブラヤシ生産が最も盛んなリアウ州でも、小農がアブラヤシ植栽後の未収穫期間に農作物を間作しているという［Potter 2016: 178］。また、遠く離れたアフリカのカメルーン共和国の小農も、未収穫期間のアブラヤシ農園内にバナナやココヤム、ピーナッツ、キャッサバを間作し、自給用・販売用に収穫している実態が報告されている。カメルーン共和国の小農は間作によって果房の生産量が減少することを知っているが、アブラヤシ生産を行えなくなった場合でも生計を維持できるように間作を行っているのだという［Potter 2016: 168］。果房の生産性の最大化、すなわち収入の最大化よりも生活の安定を優先しているのである。

写真3-3　アブラヤシと果樹の混植園（2015年3月）
撮影：筆者

◈研究者はアグロフォレストリー技術をどう評価してきたのか

小農が造成する伝統的農園やアグロフォレストリー技術は、研究者によって、生態系の維持と小農の生活の安定の両面から高く評価されてきた。

伝統的ゴム農園は森林生態系の機能を保持しており、生物多様性をある程度維持していると報告されている[Penot 2004: 225–226; Gouyon et al. 1993: 187–191]。Gouyon et al.[1993]は、この小農の造成するゴム園を「ジャングル・ラバー」と表現している。

小農の生活の観点からも、農園造成初期の未収穫期に農園作物の間に自給用・販売用の農作物を間作することで、未収穫期間の食糧と現金を確保することができる[Thomas 1965: 101; Gouyon et al. 1993: 191; Michon 2005: 138]。また、伝統的農園の場合、メインの農園作物の市場価格が下落するなどの問題が生じても、多種多様な林産物を自給したり販売したりできるので、生活を維持することができる[Michon 2005: 134–138; Gouyon et al. 1993: 191–192; Koh et al. 2009: 432]。未収穫期間の生活に貢献し、市場変動への対応が可能という点で、プランテーション技術よりもアグロフォレストリー技術の方が小農の生活の安定に寄与するのである。東南アジアの農園作物生産が世界の政治経済や国家の政策に影響され、変化してきた歴史を踏まえると[田中 1990: 254–275]、市場変動への対応はとりわけ重要であろう。西クタイ県の焼畑民も、市場価格の変動によって二〇〇〇年代に収入源がラタン生産からゴム生産にドラスティックに変化した経験を有している[寺内 2010: 90–104]。現在興隆しているアブラヤシも将来どうなるのかわからないのである。

農村・農業の発展の方向性として、研究者はプランテーション技術ではなく、アグロフォレストリー技術の改良に可能性を見出してきた[de Jong 1997]。ゴム生産の事例では、高コスト・高生産量のゴム・プランテーション技術と、小農が実践している低コスト・低生産量の伝統的なゴム・

アグロフォレストリー技術の「中間技術」の開発が検討されてきた［Gouyon et al. 1993: 198–202; de Jong 1997: 195; Penot 2004: 239–241］。中間技術なら労働力・農業資材の投入量がプランテーション技術よりも少ないので、小農が採用しやすく、生産失敗時のダメージが少ない。そして、前述のように森林生態系の機能と小農の生活を維持しながら、収入の向上を図ることができるのである。

また、効果的なアグロフォレストリー技術（作物・樹木の組み合わせ方や植栽比率、最適労働・資材投下量など）の開発も検討されてきた［Penot 2004: 239–241; Gouyon et al. 1993: 198–202］。有用樹を効果的に組み合わせた改良型ゴム・アグロフォレストリー園は、近代的ゴム農園よりも高い経済性（正味現在価値）を有するという研究結果もある［Penot 2004: 240–244］。

以上のような、中間技術や効果的なアグロフォレストリー技術の開発は、小農のアブラヤシ生産においても検討される価値があるであろう。現状では、アブラヤシのプランテーション生産の方が経済的に優れており［Koh et al. 2009: 433］、効果的なアブラヤシ・アグロフォレストリー技術は見つかっていない。しかし、小農が生産性の最大化よりも生活の安定を優先していた事実があることを考えると、今後の検討の方向性として、生活の安定に貢献する作物・樹木の組み合わせ方の探求も重要であろう。

◈現行の認証制度の枠組みは生態系と小農の生活の持続可能性を向上させるのか

ＲＳＰＯは、小農の持続可能なパーム油サプライチェーンへの包摂と、小農の持続可能な生活の達成を目標にした「ＲＳＰＯ小農戦略」を策定している。この小農の持続可能な生活の重要要素として「森林保全」と生産性向上などによる「小農の生活改善」が挙げられている[RSPO 2017: 9–11]。この二つの要素を達成するために、現状では原生林や保護価値の高い森林における新規アブラヤシ農園開発を認証の対象外とし(原則7基準3)、既存のアブラヤシ農園ではプランテーション技術(適切な農業手法)を用いて生産性を最大化する(原則4基準1)という枠組みが設定されている。

この枠組みの背後には土地節約(land sparing)の発想があると考えられる。土地節約とは、集約的な生産方法で生産性を最大化し、必要となる土地を最小化する戦略である[Koh et al. 2009: 431]。既存の農園の生産性の向上によって収入が向上すれば、森林に対する農園開発の圧力が軽減されるという発想である。

たしかにプランテーション技術による生産性の最大化は、収入向上という意味で「小農の生活改善」につながる。しかし、市場価格の変動やさまざまな自然要因による生産失敗のリスクを考えると、「生活の安定」という点では問題がある。そして、そもそもRSPO小農戦略の目標である「小農の持続可能な生活」に、小農が重視する「生活の安定」という要素が含まれていない点にも大きな問題があるといえる。また、森林と近代的農園の二極化は生態系保全の観点から問題視されている[Koh et al. 2009: 432]。すなわち、現行のRSPO小農戦略の目標設定と制度枠組みで、本当に生態系と小農の生活の持続可能性が向上するのか疑わしいのである。

現に少なからぬ小農がアグロフォレストリー技術の土地利用を選好・実践し、研究者もそれを生態系と小農の生活の両面から持続性が高いと評価しているのだから、アグロフォレストリー技術を適切な農業手法と定め、アグロフォレストリー技術を用いたアブラヤシ農園を認証する枠組みがあってもよいのではないだろうか。現場のニーズや実態を踏まえて目標設定と制度枠組みを再検討する必要があると考えられよう。

5 認証制度そのもののリスク

RSPOは持続可能な認証パーム油が標準となるよう、市場を変革することをビジョンとしている。生産主体が認証を取得し、輸入業者、製品製造企業、小売企業、消費者などの消費サイドが認証パーム油、認証パーム油製品を優先的に購入する。認証を取得した持続可能な生産主体が市場に生き残り、環境破壊や社会問題を引き起こす悪徳な農園企業のパーム油は市場から排除される。あるいは悪徳企業が環境・社会に配慮した経営へと転換し、認証を取得する。以上のようなことが望まれているわけだが、このことから認証制度は市場を介して問題解決を図ろうとする制度である、別の言い方をすれば市場の競争原理を用いた制度であることがわかるであろう。

しかし、このような認証制度が小農にも適用されているということは、小農も市場から排除される可能性があることを意味している。現在、RSPOの原則・基準認証を取得している生産主体の多くは企業である。多くの企業の搾油工場が認証パーム油を生産する経営方針を採用した場合[3]、認証を取得していない多くの小農は果房の売り先を失ってしまうことになりかねない［Brandi 2016: 31］。現在、パーム油の一大消費地である中国やインド、またインドネシア国内市場が非認証パーム油を輸入・消費していることから、非認証パーム油を生産する搾油工場が存在し、小農が市場から排除されるということは起こっていない［Brandi 2016: 31］。しかし、認証パーム油が市場の標準となった時、言い換えればＲＳＰＯのビジョンが達成された時、先述したような小農にとって不利な状況は実際に起こり得るであろう。

小農のアブラヤシ生産は持続可能な基準を満たしていないのだから市場から排除されても仕方がない、排除されたくなければ認証を取得すればよいと、「自己責任」を唱える人がいるかもしれない。しかし、次のような認証取得の難しさや認証基準の内容を考えると、それは傲慢かつ押しつけがましい考え方のように思えてくる。

まず認証を取得し、維持するには多額の資金が必要になる。これが小農の認証取得を困難にする最も大きな要因といえる。また、認証取得のためには、小農は毎月の生産量や農薬・肥料の使用量など農園経営に関するさまざまな情報を事細かに記録し、さまざまな書類を準備しなければならない。その量は膨大である。筆者はリアウ州の独立小農ＲＳＰＯ認証を取得した小農グループを調査したことがあるが、その小農グループはＮＧＯの支援を受けられたことで書類の準備が可能となっていた。普通の小農が自力で準備するのは困難であろう。このような大量の記録・書類が求められるのは、外部者が小農の原則・基準の遵守を監査できるようにするためである。消費サイドが求める認証の「信頼性」の名のもとに、小農のアブラヤシ生産はグローバルな監視下に置かれることになる。さらに、小農の生活改善に直接つながる原則・基準がある一方で、生物多様性の保全や地球温暖化の防止のために小農の生産や新規農園造成を制約する基準も存在する。小農は地域の希少種、保護種、絶滅危惧種の名前を挙げることができなければならず、それらの種を対象にした適切な獣害対策についても説明できなければならない(原則5基準2)。リアウ州の認証を取得した小農グループは、農園内に出現した野生動物の種類、個体数、対応を細かく記録していた。害虫駆除においても専門的な対応が求められている(原則4基準1・基準5)。こういった原則・基準を満たさない小農は市場から排除されなければならないのだろうか。「なぜ私たちの生活よりもこの動物の保護を優先するのか」と憤慨する小農がいてもおかしくないであろう。消費者サイドのグローバルな公共的価値(生物多様性の保全や森林保全)の押しつけと感じる小農は少なからず存在すると考えられる。

現状では認証に必要な資金・能力・知識を有す小農はほとんどいない。たしかにRSPOによって小農支援基金が創設されたり、農園企業の認証基準に小農の認証取得のサポートが明記されたりするなど[RSPO 2018: 43–44]、小農の認証取得のバックアップ体制が整備されてきている。しかし、だからと言って、外部者が策定した基準や要件を満たさない小農を市場から排除してよいということにはならないであろう。消費者サイドのグローバルな公共的価値を、利潤を追求する農園企業に突きつけるのと、アブラヤシ生産で生活を営む普通の人びとに突きつけるのとでは位相が異なる。人びとの生活の権利に外部者が干渉する正当性がどこにあるのかをよく考え、慎重になる必要があると筆者は感じている。

また、独立小農RSPO認証を取得した小農グループが出現したことで、現場では小農間の格差も生じるようになっていた。「小農」といっても、小規模なアブラヤシ農園を家族内労働で管理・収穫する、いわばイメージどおりの普通の小農もいれば、家族内労働では管理・収穫しきれないほどのアブラヤシ農園を所有し、労働者を雇用してビジネスとして農園経営する、いわば小規模経営者も小農に含まれている。筆者が調査したリアウ州の認証取得小農グループには後者の人びとが含まれていた。彼らは認証取得の要件の一つであるグループ単位での組織的な農園経営に慣れていたし、NGOからは認証取得の手続きや組織化のサポートを、RSPOのメンバーである農園企業と小売業者からは技術面と資金面のサポートを受けられたため、認証を取得できていた。認証を取得した小農グループは認証取得のメリットとして、農園企業が彼らの果房を、認証を取得していない小農の果房よりも優先的に購入してくれることを挙げていた。生産量が増える時期(雨季)には、搾油工場の処理能力以上に果房が出荷されてきて、果房の買い取りが順番待ちになることがある。果房は収穫後一～二日以内に企業の搾油工場で搾油しなければ質が低下する。時間が経った果房は低い価格で買い取られたり、買い取りを拒否されたりすることがある。認証を取得した小農グループは、そのようなリスクを回避することができていたのである。裏返せば、認証を取得していない小農の果房は後回しにされ、低価格での買い取り、買い取りの拒否に晒されるリスクがあることを意味している。

以上、RSPO認証制度は市場を利用した制度であることから、認証を取得できない小農が市場から排除されるリスクがあることと、認証を取得できた一部の小農が優遇される一方で、多くの普通の小農は逆に不利な立場に追いやられることが明らかになった。収穫から出荷までの時間が制限され、果房の品質と買取価格が企業の搾油工場によって決められていることから、小農はアブラヤシ産業の中で最も政治的・経済的に弱い立場にある。認証を取得した小農グループの事例から、独立小農RSPO認証制度はこのような状況を改善するポテンシャルを有しているといえるが、現実的に小農の認証取得は困難であり、結果的に認証を取得できない多くの小農をよりいっそう不利な状況に追いやってしまうリスクがあるのである。

6 おわりに

本章では、独立小農RSPO認証制度をフィールドの実態から再検討し、原則2「適用法律と規則の遵守」が現行の法規則の下で起きている問題(不公平な土地利用権配分の問題、不適切な林地/他用途地域の境界策定の問題)を不可視化し、不問にしてしまうこと、原則4「生産者による最善手法の活用」の適切な農業手法が国家の意向に沿う形で解釈・規定されており、原則・基準を満たしても地域の生態・社会の持続可能性が向上するのか疑問であること、そして、認証制度そのものがアブラヤシ産業の中で最も政治的に弱い立場にある小農に不利に働くことがある点を指摘した。

筆者はRSPO認証制度を否定するつもりはない。世界の多様なパーム油関係者が集い、問題解決に取り組むことには意味がある。しかし、国際的な議論の場で策定される「グローバル・スタンダード(原則・基準)」は、脱文脈化された普遍的な「正しさ」である。その文脈なき「正しさ」が現場の自然・社会・経済・政治的文脈に落とし込まれたとき、どのような化学反応を生じさせるのか。良い化学反応だけでなく、これまで述べてきたことが示唆するように悪い化学反応を引き起こす可能性もあるのである。RSPOはこれまで現場の状況を踏まえて制度の改良を重ねてきた。さまざまな現場の化学反応を踏まえ、今後も改良を重ねてほしい。認証制度そのものに起因する問題なら、それを補完する別の制度枠組みが必要になってくるのかもしれない。

また筆者は、本章を読んだ読者が認証制度に幻滅し、認証ラベル商品を購入しなくなることを望んでいるわけではない。西欧諸国はパーム油問題に対する関心が高いといわれているが、その西欧諸国にパーム油を輸出する場合は、RSPO認証の取得が必須になりつつある。大手農園企業は認証を取得し、持続可能な生産を条件づけられている状況にある。RSPO認証制度がなかった時代と比較して、パーム油生産にまつわる環境・社会問題の解決に向けた取り組みが前進していることは間違いない。ただし読者の方々には、「認証ラベルがあるから環境・社会にやさしい商品」と無批判に受けとめるのではなく、認証ラベルの裏側、すなわちその認証制度がどのような制度枠組みで、生産現場に何をもたらしているのかというところまで関心を寄せていただきたい。本章で示したように、「正しい制度」も、現場との化学反応次第では問題を生じさせることがあることを知っておいてほしい。

とはいえ、関心を抱いたとしてもそう簡単に生産現場の情報が手に入るわけではないし、本書第一章で詳述されているように、力のあるアクターが情報を発信し、私たちの「現実」を偏った形でつくり出している状況にある。研究者やNGO、またジャーナリストが生産現場の情報を発信し、偏った現実認識を是正すると同時に、消費者と生産者をつないでいく必要があるだろう。

註

(1) アブラヤシ生果房とはアブラヤシの実が集まった房のことをいう。果房の質の低下とは果房から採れるパーム油量の率の低下のことをいう。

(2) 企業と契約・協働しながら経営する小農のアブラヤシ農園は、インドネシアでは「プラスマ農園」と呼ばれている。

(3) Brandi [2016: 31] は、企業が複数の認証農園の果房から認証パーム油を生産する「セグリゲーション」モデルを採用した場合を想定し、小農の排除の危険性を指摘しているが、企業が単独の認証農園の果房からパーム油を生産する「アイデンティティ・プリザーブド」モデルを採用した場合においても同様の危険性を指摘しうるであろう。

第四章

大規模アブラヤシ農園のRSPO認証取得と取り残された労働者たち

■中司喬之

1 RSPO認証という制度——制度と現実のギャップ

グローバル化によって商品の生産から消費までの一連の流れが複雑になっていくなかで、一定の品質が担保されていることを第三者に確認してもらう仕組みが一般的になりつつある。製品やマネジメントシステムの品質に関する国際標準化機構（ISO）や、食品や農林水産品の品質に関する日本農林規格（JAS）など、さまざまな分野において認証制度が採用されている。

本書第三章でも取り上げているように、「パーム油」についても「持続可能なパーム油のための円卓会議（RSPO：Roundtable on Sustainable Palm Oil）」によって導入されたRSPO認証制度がある。アブラヤシ農園の拡大に伴い、パーム油の主要な生産国であるインドネシアやマレーシアではさまざまな問題が引き起こされている。これらの問題を受けて、経済的な側面だけではなく環境・社会的な側面からの持続可能性についても模索していくことを目的として、二〇〇四年に企業やNGOを中心にRSPOが設立された。RSPOは強制力のある法規制ではなく、自主的な取り組みを通じて持続可能なパーム油の生産を模索していこうとする組織である。二〇〇七年には、法令遵守や環境・社会問題への対処など守るべき原則と基準（P&C）が定められ、これら一定の水準を満たした形でパーム油が生産されていることを第三者である認証機関が確認するという認証制度が導入された。認証を受けたアブラヤシ農園から産出されたパーム油にはお墨付きが与えられ、差別化された商品として市場に売り出される（**写真4-1**）。現在、世界で生産されているパーム油の一九パーセント（重量ベース）がこれらの水準を満たした形で生産されている［RSPO 2020］。RSPOは、持続可能なパーム油がスタンダードになるよう市場を変革することをビジョンとして掲げているが、このような認証制度というツールがアブラヤシ産業において、既存の問題解決に向けた新たなガバナンスの仕組みとして重要な役割を果たしている。

しかし、現地に行くと、RSPO認証を取得している農園であっても相変わらず問題が起きているという話をよく耳にする。認証制度は問題が起きていないことを担保する

写真4-1　日本に流通するRSPO認証製品の一例
撮影：筆者

ものであるにもかかわらず、なぜ制度と現実にこのようなギャップがあるのか。この事実が本当であれば、認証制度を通じて問題が改善されるどころか、逆に実態を歪めることにつながり、認証制度の意義そのものが破綻してしまう。「あたかも環境や人権に配慮しているように見せかける」ことを意味するクリーンウォッシュ(cleanwash)という言葉があるが、このような制度だけが一人歩きすることで、環境保護や農園労働者の待遇改善に向けた見せかけの取り組みだけが進み、問題の当事者が取り残されてしまうような状況を生み出す可能性がある。

本章では、インドネシアのアブラヤシ農園企業である「ロンドン・スマトラ・インドネシア(London Sumatra Indonesia)社」(以下、L社)の認証農園における問題事例を取り上げ、これまでの経緯を描きながら、問題を改善するためのツールとしての認証制度が農園労働者にどのような影響を与えているかについて明らかにする。ここで農園労働者に焦点を当てるのは、二〇一四年にRSPOが労働問題に関するタスクフォースを立ち上げ、これまで議論を重ねてきたにもかかわらず、現場で起きている深刻な人権侵害の問題への対応が遅々として進まない状況であったためである。現在に至っても、外界から隔絶された環境であるがゆえに強制労働や児童労働が行われたり、雇用主と労働者の間に圧倒的な力関係の差がある中で、低賃金で過酷な労働を強いられたりするなどの問題が多くのアブラヤシ農園で報告されている。その一方で、RSPOに関する日本語の文献は、環境的な側面に着目してその効果や可能性を論じたものが多く、農園労働者が抱える問題についてはあまり注目されてこなかった。そのような理由から、ここでは森林減少や生態系への影響といった環境問題ではなく、農園労働者の問題を中心に取り上げたい。そのうえで、認証制度が本来の目的に沿った形で機能するためには何が求められるのかについて考えたい。

2 RSPO認証が抱える実効性の課題

まずは、RSPO認証の概要と、どのような課題が指摘されているかについて触れておきたい。

RSPOでは、持続可能性の判断基準となる原則と基準(P&C)が定められている。二〇〇七年に導入されてから、五年に一度、見直しと改定をすることが定められており、RSPOに参加するステークホルダーによる議論を通じた改善を重ねてきた。二〇〇七年には、八つの原則と三九の基準であったものが、二〇一八年現在では**表4-1**のように七つの原則と四一の基準に改定されている。

表4-1 RSPOの「原則と基準」の「原則」(2018年)

原則1	倫理的かつ透明性ある行動
原則2	合法的な運用および権利の尊重
原則3	生産性,効率性,便益およびレジリエンスの最適化
原則4	地域社会と人権の尊重および利益の提供
原則5	スモールホルダーへの支援
原則6	労働者の権利および労働条件の尊重
原則7	生態系と環境の保護,保全および向上

出所:RSPO[2018]より仮訳.

二〇一八年に改定されるまでの基準では、天然林や泥炭地などの貴重な生態系を保護できていないことがNGOにより指摘されていた。新たにアブラヤシ農園を造成する際には、高い保護価値(HCV:High Conservation Value)を有する地域を特定し、保護しなければならないと規定されている。しかし、これらの地域の対象に含まれていない森林の土地利用転換は認められていた。カリマンタン島やスマトラ島で企業が利用可能な森林のほとんどがこれらの地域に分類されていない二次林や荒廃林であるため、NGOからは森林保全や気候変動の観点から保護すべき重要な森林が十分に守られていないことが指摘されていた[Greenpeace International 2013]。

これまでに指摘されていた基準面での課題については二〇一八年の改定により改善が見られたが、認証の実効性に関する課題は残されたままである。評価のための判断基準となる基準もさることながら、それらの基準を満たしていることが適切に確認されているかどうかについては認証制度の信頼性に関わる部分であるため非常に重要である。監査の実施はRSPO事務局ではなく、国際認定サービス(ASI:Accreditation Service International)という外部機関からの認定を受けた認証機関により行われているが、NGOによれば、RSPOの基準への重大な違反があるにもかかわらず認証を取得している農園の事例がいくつか報告されている[EIA 2015]。これは、つまり認証機関による適切な監査が行われていないことを意味している。

ある事例では、マレーシア最大のアブラヤシ農園企業の一つであるF社が所有する農園において、人身売買により連れられてきた移民労働者が数か月もの間、報酬なしで労働を強いられていたとする事実が、監査により把握されていなかった[The Wall Street Journal 2015]。国際認定サービスは認証機関の認定だけではなく、認証機関が適切に監査を行っているかどうかを評価・モニタリングする役割も担っている。この記事が公表された数週間後に、国際認定サービスにより認証機関の監査能力に関する実地検証が行われた。現場での聞き取り調査に基づき、認証機関が作成した監査報告書と現場の実情を照らし合わせることで検証が行われたが、認証機関は潜在的な環境・社会的リスクの高い地域を考慮できていなかったと結論づけられている。

ＲＳＰＯでは二〇〇九年に苦情処理メカニズムを導入しており、監査の結果などに不服があった場合に誰でも苦情を提出することができる。提出された苦情は、ＲＳＰＯが組織する「苦情処理パネル（Complaints Panel）」により検証が行われる。

認証を取得した後に何かしらの問題があったとしてＲＳＰＯに提出された苦情の件数は、苦情処理メカニズムが導入された二〇〇九年から二〇一八年までの間で一五三件にのぼる。苦情の内容については、ほとんどが土地の取得における合意（ＦＰＩＣ）や保護価値の高い地域（ＨＣＶ）に関するものであり、それに次いで人権や労働問題に関するものであった［RSPO 2018a］。このような苦情の数は、監査と現場でいかに大きなギャップがあるかということを示している。

3　アブラヤシ農園労働者が強いられる構造的な問題――「緑の監獄」

次に、インドネシアにおいて農園労働者がおかれている実情と、彼らが抱えている構造的な問題についてみていきたい。

世界最大のパーム油生産国であるインドネシアでは、アブラヤシ農園は右肩上がりに拡大を続けており、インドネシア農業省の推計によれば二〇一八年現在で一四〇三万ヘクタールに達している［KOMPAS 2018］。

アブラヤシ栽培の形態は、政府統計局の分類に従い大きく分けて、農民による小農農園(Perkebunan Rakyat)、国有農園(Perkebunan Negara)、私企業農園(Perkebunan Swasta)の三つに分類される[浦野 2013: 252-253]。インドネシアのアブラヤシ農園面積の約六割は国および民間企業が所有する大規模農園であり、国家開発企画庁の推計によれば、これらの農園に従事している労働者は約四二〇万人とされる。また、アブラヤシ産業の間接的な業務に携わっている労働者を含めれば一六二〇万人に及ぶ[TEMPO 2018]。インドネシアにおいてアブラヤシ産業は多くの雇用を生み出しており、貧困撲滅や地域経済の発展に大きく寄与する戦略的産業とされている[GAPKI 2016]。

しかし同時に、農園労働者はこれまで人権侵害や搾取の対象となってきたこともまた事実である。大規模農園に従事する労働者の約七割が日雇い労働者であると見積もられており、つねに解雇の危険に晒され、住居や社会保障などの福利厚生にもアクセスできない[Sawit Watch 2016]。

インドネシアのアブラヤシ農園に従事する労働者は、契約条件に応じて、常勤労働者(Syarat Kerja Umum)、契約労働者(Buruh Kontrak)、日雇い労働者(Buruh Harian Lepas)の三つの類型に大きく分けられる。雇用者と被雇用者の関係については、雇用契約書の履行条件に関する二〇〇四年労働移住大臣決定の中で定義されている。この法律では、一か月に二一日未満の雇用条件の場合に日雇い労働者となり、一か月に二一日以上、三か月以上連続で従事した場合には契約労働者となることが規定されている。日雇い労働者の多くは、政府が主導する移住政策により他の地域からやって来た人びとである。

アブラヤシ農園では収穫、収集、運搬のほかに、農園の管理に関わる農薬散布、施肥などさまざまな役割を持った労働者がおり、それぞれの作業は作業監督(Mandor)による監視の下で行われる。一般的に収穫作業は男性の作業であるが、一人の作業監督が二〇～二五人ほどの労働者を担当している。女性は農薬散布の役割を担うことが多く、十数人の労働者に対して一人の作業監督が伴うことが多い。

写真4-2　アブラヤシの果房を収穫する男性労働者(2015年8月)
撮影:筆者

◈ノルマと罰則規定

労働者にはそれぞれに厳しいノルマや条件が課せられている。例えば収穫を担当している労働者(写真4-2)の場合、一般的には一人一日あたり一～二トンの果房を収穫することが求められる(一般的なアブラヤシの果房の重さはおよそ三〇～四〇キログラム)。収穫された果房には収穫者を識別するための印が付けられており、誰がどのくらい収穫したかなどの情報も管理される。ノルマを超過した分については収穫した量に応じてさらにボーナスが支給される。この価格は固定ではなく、アブラヤシの相場に応じて三か月に一度決められるという。また、それぞれの作業において罰則規定が設けられており、例えば収穫労働者は、成熟した果房や果実を取り残した場合や十分に成熟していない果房を収穫した場合、また収穫した果房を所定の場所に置かなかった場合など、失敗を犯すごとに警告書(Surat Peringatan)やそれぞれ定められた罰金が給料から天引きされるなどの罰則が科せられる。農園労働者の権利擁護に取り組むＮＧＯ「住民事業強化・発展組織（ＯＰＰＵＫ：Organisasi Penguatan dan Pengembangan Usaha-usaha Kerakyatan）」によれば、このような罰則規定は、農園全体の生産性を向上させるために多くの企業で採用されている。企業によってターゲットは異なるため、罰則の内容や罰金の金額についてはまちまちであるが、中にはきわめて達成することが難しいノルマを設定している農園もあるという(1)。一日の労働時間が定められていたとしても、このノルマを達成しないと給料が発生しないため、残業を余儀なくされることもある。そうした農園では、ノルマ達成を補助するために労働者の家族（写真4−3）、とりわけ子どもが収穫を手伝うことも珍しくなく、このような構造が児童労働を生み出す背景にある。米国政府労働省による「児童労働または強制労働により生産された品目リスト」と題する報告書の中では、パーム油がインドネシアにおいては児童労働によって生産された品目であると指定されている[United States Department of Labor 2018: 9]。

写真4−3　男性労働者の補助として散乱した果実を拾い集める女性労働者（2015年8月）
撮影：筆者

インドネシアは、一九九八年に児童労働の撲滅に関する国際法であるＩＬＯ条約一八二号条約を批准しており、国内法の中でも一五歳未満の就労を禁じている。しかし、いまだに多くのアブラヤシ農園内での児童労働が横行していることがＮＧＯによって報告されている[Amnesty International 2016]。彼らはあくまで特定の収穫労働者の補助（kernet）という扱いになっており、企業と正式な雇用契約を結んでいない。そのため、彼らの作業分に対する給与が支払われることはなく、また彼らが犯した失敗も労働者による失敗として取り扱われる(2)。

農薬散布を担う女性労働者らもノルマを課せられており、だいたい一日あたり一五〜二〇リットルのタンクを二〇回分散布しなければならない。作業の中で、向かい風によって顔にかかってしまうことで健康を害することもあるという。また、女性への性的暴力の事例も報告されている(3)。

◈強制労働と債務労働

もう一つ、国際的な人権規範に違反している行為として注目されているのが債務労働である。これは、インドネシアにおいては島嶼《とうしょ》部など比較的貧しい地域に住んでいる人びとが、就業ブローカーを通じて多額の借金をすることで仕事を斡旋してもらうという雇用慣行が背景にある。労働者は斡旋料や勤務地までの長距離交通費をブローカーに肩代わりしてもらうが、借金を完済するまで勤務地での待遇にかかわらず離職することが許されない。実際には生活費を賄うことも困難なほど低賃金であるケースが多く、借金を返済するため長い年月にわたり働き続けなければならない。このような労働は、現代的な奴隷制度であるとして多くの国際規範において禁止されているが、アブラヤシ農園でも頻繁に行われていることが指摘されている[Verité 2019]。

◈給料形態と福利厚生

ほかにも、給料と福利厚生に関する問題が挙げられる。給料に関しては労働時間ではなく収穫した量に基づき割り出されるため、行政に保障されている最低賃金は実際の現場ではほとんど意味を成していないという。北スマトラ州のある農園の事例では、州の一か月の最低賃金が一五〇万ルピアであるのに対して、実際には天引き分を考慮すると平均して五〇万ルピアほどしかなかった。また、仕事に必要な作業具や防具などが会社から支給されず、自分で購入しなければならないケースもある。本来は企業側が負担することになっている電気代や設備代、米などの現物支給に関わる費用が労働者の給料から天引きされることもあるという[(4)]。

広大な土地が必要とされるアブラヤシ農園は、一般的に都市部から離れた地域に広がっている。そのような地理的な理由から、多くの大規模農園では学校や診療所など基本的なインフラ設備を農園の敷地内に構えている。そのため、労働者はわざわざ外に出かけなくても農園内だけで生活が完結してしまう。こういった環境で問題が起きていたとしても、外部から発見することは難しい。また、一企業の管理下にある農園内にアクセスすることは非常に困難であるため、被害を受けている労働者を支援することも容易ではない。このような理由から、アブラヤシ農園は「緑の監獄」とも呼ばれており、農園内での人権侵害を蔓延させる構造的な問題を抱えている。

4　認証制度に取り残される労働者――L社の事例

インドネシアの北スマトラ州でアブラヤシ農園を運営しているL社の事例を見てみたい。L社は、インドネシアの食品最大手であるインドフード・スクセス・マクムール（Indofood Sukses Makmur）

社の子会社として農園部門を担っており、ＲＳＰＯが設立された二〇〇四年からメンバーに加盟していた。二〇一六年一〇月時点で、スマトラ島とカリマンタン島で合計約一〇万ヘクタール弱の農園を運営しており、このうち約六割がＲＳＰＯ認証を受けている。

Ｌ社の認証農園に従事している労働者によれば、監査が実施される日は休日となるため、労働者は過去に監査プロセスに参加したことはないという。また、監査後に公開される監査報告書も、現場の実態とはかけ離れたものであったため違和感を抱いていたという(5)。二〇一六年六月に、レインフォレスト・アクション・ネットワーク（ＲＡＮ）、国際労働権フォーラム（ＩＬＲＦ）、住民事業強化・発展組織（ＯＰＰＵＫ）の三団体により、「The Human Cost of Conflict Palm Oil」と題するレポートが発表された。このレポートは、二〇一五年九〜一〇月にかけて行われた調査に基づいており、Ｌ社の運営する二つの農園で労働者に対する以下のような人権侵害が指摘された。

(1) 長期間にわたり従事する多くの労働者が、日雇いなどの不安定な雇用関係の下で従事していた。
(2) 地方政府が定める最低賃金よりも低い賃金しか支払われていない。
(3) 収穫労働者の補助として複数人の児童労働が確認された。
(4) 多くの労働者に対して適切な労働安全衛生を提供しておらず、とくに整地作業に従事する労働者は高い健康リスクに晒されていた。
(5) 多くの契約労働者は、経営者側が実権を握っている御用組合に加入させられており、独立した労働組合に参加しようとする労働者を脅迫していた。

苦情処理に関するこれまでの記録は、RSPOのウェブサイトで確認することができる。RSPOに苦情が提出されてから、ここで指摘されている問題が起きていることがRSPO事務局により確認され、最終的な決定が下されるまでに実に二年以上の月日が流れている。このプロセスにおいて、収穫作業に従事する日雇い労働者が正規労働者となるなど一部改善も見られたが、日雇い労働者には労災保険や健康保険などの福利厚生は保障されていない状況は相変わらずであった。また、厳しいノルマが課せられている状況も変わっておらず、たとえ労働時間が一二時間に及んだ場合でも給与に反映されることはなかったという[6]。

二〇一六年六月にL社での人権侵害に関する情報がRSPO事務局に提供された後、国際認定サービス(ASI)による適合性審査(compliance assessment)が実施されたが、NGOにより指摘されたものと同様の問題が確認されている。さらに、同年一一月には認証機関であるサイ・グローバル(SAI Global)社によりフォローアップのための監査が実施された。L社側は、指摘されていた問題に対処するための是正措置を講じたと主張しており、サイ・グローバル社による監査報告書の中でもほとんどの問題は解決されたと結論づけられていた。しかし、これに対して国際認定サービスは、指摘された問題に対する効果的な是正措置や予防策が講じられたという確固たる証拠はなく、適切に監査できていなかったと判断し、サイ・グローバル社の監査資格を一時凍結した。このような結果を受けて、NGO側は問題の解決に向けた具体的なアクションが取られるまでL社の認証を一時凍結するようＲＳＰＯ事務局に求めた。ＮＧＯが発表したレポートの中では問題事例の被害者は匿名とされていたため、当事者の氏名や問題の発生場所などの確かな証拠に基づき事実関係を検証する必要があるとして、Ｌ社側は苦情提出者であるＮＧＯとの直接的な対話を強く求めた。その一方で、これらの情報を開示することにより、被害者がＬ社からの嫌がらせや報復を受ける可能性があることから、ＮＧＯ側はＲＳＰＯの苦情処理メカニズムを通じた問題解決を求めた。

その後、ＲＳＰＯの苦情処理パネルが両者を仲介する形で議論が行われ、いくつかの配慮事項を定めたうえで二〇一八年六月に再度ＲＳＰＯによる現場検証が行われることになった。その結果、Ｌ社の複数の農園と搾油工場においてＲＳＰＯ基準や法律への違反が見つかり、これらの不順守事項が改善されるまでＬ社の認証資格が一時凍結されることになった。結局、Ｌ社はこの要求に応じることなく二〇一九年一月にＲＳＰＯから一方的に脱退するに至った。

Ｌ社がＲＳＰＯから脱退してしまったことで、ＲＳＰＯ認証のシステムを通じた企業のパフォーマンスの改善はなされなかった。その後、Ｌ社が運営する三つの農園で、従業員の不当な解雇、左遷および賞与(premi)の一方的な廃止などの問題が報告されている(7)。このことが示すように、現場での問題解決にはいまだ至っておらず、問題の当事者である労働者たちは置き去りにされたままである。

5 おわりに

RSPOが設立された当初からメンバーに加盟していたL社は、なぜ認証を手放してしまったのか。RSPOから脱退した背景として、以下の二つの要因が考えられる。一つは、世界で生産されているパーム油のうち、認証油の割合は二〇一九年現在で一九パーセントにすぎず、市場において主流となっていないことが挙げられる。もう一つは、L社の問題を指摘したレポートが表沙汰になったことで、ネスレ、ムシム・マス、カーギル、ハーシー、ケロッグ、ゼネラル・ミルズ、ユニリーバ、マース、不二製油など、大手パーム油ユーザー企業が相次いでL社との取引を停止したが [Rainforest Action Network 2019]、主要な取引先であるとされるウィルマー、IOI、ゴールデン・アグリ・リーソーシーズなどはこれまでどおりL社との関係を維持し、ビジネスを継続していたことが挙げられる。これらの理由により、L社はたとえ認証油を流通できなくなったとしても経営上の問題はないと判断し、RSPOから脱退したと考えることができる。

結局、認証制度は市場メカニズムを活用した制度であるという性質上、企業が優位性を宣伝するためのツールとして使われている側面があることは否めない。極端なことを言えば、企業にとって何かしらのメリットがなければわざわざ認証を取得する必要はない。これはボランタリーな取り組みである認証制度が現場に与えうる影響の限界ともいえる。実際に、二〇一九年六月現在でRSPO認証を受けたアブラヤシ農園は約一九七万ヘクタールを占めているにすぎず、先述したインドネシアの農園面積と比べると、野放しになっている非認証農園の方が圧倒的に多いという現実がある。

また、RSPO認証にはさまざまな課題があるが、認証を取得していない農園ではさらに多くの問題が置き去りにされていることも忘れてはならない。本来、このような問題は法律の枠組みの中で解決されるべきであるが、法執行やガバナンスが脆弱である生産国の政府にすべてを委ねるのは難しいだろう。

筆者はRSPOをはじめとする認証制度が、実効性の乏しいただの枠組みにすぎないと批判したいわけではない。私たち消費者が普段の生活の中で、手に取ったモノに関わるすべての問題を読み取り、判断することは不可能である。そのような意味でも、認証制度のような生産者と消費者をつなぐためのツールが適切に機能することが理想的である。

現状では、RSPO認証は実効性が担保されたツールであるとは言えないが、NGOや企業を含むマルチステークホルダーのプロセスを通じて少しずつではあるが前進していることは確かである。先に述べたように、RSPOはこれまでに苦情処理メカニズムや監査体制の強化に向けた国際認定サービスの導入といった改善を重ねてきた。これにより、L社の事例のように監査報告書と現場の実情とに隔たりがあった場合、適切に対処されるようになったことで、認証制度としての信頼性は高まっている。今後さらに信頼性のあるツールとして発展していくためには、第三者の目を通じて現場の問題を改善していくなど運用面での強化が必要である。

そのためには、現地NGOによる草の根レベルの活動が大きな支えとなるのではないか。実際にL社の事例において企業が対応を迫られたのは、現地NGOが問題解決に向けたあらゆる取り組みを行ってきたことが背景にある。これまでに、現地NGOは農園労働者とコミュニケーションを図りつつ、彼らの権利を確立するための組織化支援(エンパワーメント)を行ったり、なかなか表に現れてこない農園労働者の抱える問題を丹念に掘り起こしたりしてきた。また、企業にレターを送付するなどして問題への対処を求めてきた。しかし、企業側からの反応が見られなかったため、国際的なNGOと連携してキャンペーンを展開し、その後、RSPOへ苦情を提出するに至った。立場の弱い農園労働者だけでは、ここまで大きな動きをつくっていくことはできなかったであろう。この原稿を執筆している時点ではL社の農園での状況は改善したとはいえないものの、現在に至るまで農園労働者に寄り添う形での支援が現地NGOによって続けられている。

認証制度を本来の目的に沿った形で機能させるためには、こうした高い調査・交渉能力をもつNGOの役割が必要不可欠であろう。

註

(1) 二〇一五年八月一八日、Nさん(四〇代男性)へのインタビューによる。
(2) 二〇一五年八月一八日、Nさん(四〇代男性)へのインタビューによる。
(3) 二〇一五年八月一八日、Nさん(四〇代男性)へのインタビューによる。
(4) 二〇一五年八月一九日、Aさん(三〇代男性)へのインタビューによる。
(5) 二〇一九年五月三一日、Nさん(四〇代男性)へのインタビューによる。
(6) 二〇一八年一一月一四日、Iさん(三〇代男性)へのインタビューによる。
(7) 二〇一九年五月一日、Nさん(四〇代男性)へのインタビューによる。

コラムC

「認証制度」が再現する植民地の統治形態

■藤原敬大

グローバル化した現代社会の複雑な市場システムの中で、日々の生活で消費している商品が、社会的あるいは環境的に問題なく、持続可能な形で生産されているのか否かについて私たちが知る方法の一つとして、認証制度に基づくいわゆる「エコラベル」がある。それらの認証制度は、消費者が社会や環境について考え、認証製品の選択的な購入を通じて、持続可能な生産に取り組む企業を支援するために重要である一方、過去の植民地の統治形態を再現しているという指摘もある。

Vandergeest and Unno［2012］は、タイにおけるエビ養殖を対象としたASC認証（養殖水産物の国際的なエコラベル）を事例に、認証制度がつくり出す新たな形の「治外法権」について報告している。植民地時代の治外法権は、文明化していないアジアやアフリカ諸国の支配者から帝国国家の臣民や財産を保護することを目的としており、タイ（当時のシャム）では、一八五五年に締結された「ボーリング条約（イギリス・シャム修好通商条約）」によって導入された。当時のヨーロッパ諸国は、シャムの法律が「近代的ではない」と位置づけることによって治外法権を導入する正当性をつくり上げた。それに対して、今日の認証制度は「政府の法律や規則が貴重な生態系や社会的な弱者を保護するために不十分である」との理由で導入が正当化されている。

認証制度の主な推進力は、「北」を拠点として環境保護団体と連携する、ヨーロッパおよび北米のバイヤーや消費者である。したがって、「南」で生産された認証製品の大部分はヨーロッパや北米へ輸出される。かつて植民地時代に相手国との交渉を有利に進めるために用いられた「砲艦外交」は、今日の認証制度では「市場アクセス」や「貿易障壁」が取って代わっている。「外部者」によって押しつけられた認証制度の基準を国家主権の侵害と認識したタイ政府は、それらの「外国産」の認証に対して、政府機関が運営する「国産」の認証をつくり出し、政府間機関からの承認を得ようと努めている。

Barney [2014]は、ラオスで多国籍紙パルプ企業がつくり出す「サスティナビリティの包領（四方を別の一つの領域で完全に囲まれた領域）」[Whitington 2012]について考察している。ラオスの南東部に位置するアンナン山脈の高地では、少数民族による焼畑が今日まで営まれており、これらの高地は最近になってラオス中央政府の統治システムの中に組み込まれた。第二次インドシナ戦争中は「ホーチミン・ルート」（ベトナム民主共和国が南ベトナム解放戦線に軍事物資を供給するための補給路）に位置していたため、アメリカ軍の航空作戦（絨毯爆撃や枯葉作戦）や地上作戦の対象地となり、今日に至るまで大量の不発弾が森林や焼畑地に残された。

これらの高地は多くの少数民族の生活や社会文化の基盤である一方、政府の土地利用計画の中では十分に活用されていない「空っぽ」の土地とみなされ、植林開発に適した「フロンティア」として位置づけられた。不発弾の存在は植林開発の大きな障害ではあったが、熱帯地域で商業開発のための土地が減少するなか、この広大な「荒廃地」は、企業にとって不発弾の撤去費用を投じてもなお、経済的に見合うほど高い商業価値があった。

この紙パルプ企業は、サスティナビリティの取り組みで業界のリーダー的な存在であり、企業の社会的な責任を果たすために、ラオス国内にある同社の全植林地でＦＳＣ認証を取得することを目指していた。植林地周辺は食料不足が深刻で、地域住民は極度の貧困に直面しており、企業が資本投資を行い、新たな賃労働の機会創出や技術・市場へのアクセスを可能にすることによって、地域住民の生計を改善することは理にかなっていた。同社は、パルプ生産用早生樹と陸稲・換金作物によるアグロフォレストリーを導入し、慣習地で営まれる焼畑を科学的で商業的な農業に置き換えることを推進した。また同社は不発弾の撤去に取り組む数少ない民間組織の一つであり、そのことも同社の植林開発に正当性を与えた。

植林開発の結果、辺境の高地は、生産的で持続可能な収益性の高い国際商品の供給地へと変貌した。その一方で、広大な慣習地を企業の植林開発へ割り当てずに、国際商品の供給地ではない形で地域を発展させるという「未来」の選択肢が失われた。この過程で、土地利用をめぐる新たな規制、農村地域における新しい普及プログラム、農業の新技術の提供などを通じて、地域の人びとの生計活動を空間的に集約化することで、植林企業による土地の囲い込みが地域社会にもたらす負の影響を相殺する「持続可能な追い立て」によって、地域住民の慣習地からの追い出しが成し遂げられるとともに、政府の法規制を超えた認証制度の基準に従って森林管理を行う「サスティナビリティの包領」がつくり出された。

治外法権や認証制度の導入理由として、熱帯諸国の法律が「近代的ではない」「不十分である」という外部者（ヨーロッパ諸国や環境保護団体）による評価があったように、これまで熱帯地域の多くの自然は、外部者の「特権的な知識」に基づき「保護するもの」と「保護しないもの」に分断されてきた［Goldman 2003; 笹岡 2012］。Vandergeest and Peluso［2015］は、自然保護団体によって頻繁にターゲットにされる希少種や固有種を含む成熟段階にある森林を「カリスマ森林」と呼び、それらの森林に生息するゾウ、トラ、サイ、オランウータンといった絶滅危惧種やカリスマ的な「種（species）」に焦点を当てた取り組みと、植民地時代の「種」を指定し支配した手法との類似性を指摘している。

植民地時代のジャワ（インドネシア）では、特定の土地を「森林」として統合し、収益性の高い林産物の貿易を国家が独占することを確実にするために、「種」の統制が制度化された。その中で、チーク、メルクシマツ、ラサマラ、アガチスが「森林種」に指定される一方、コーヒー、ゴム、果樹は「農業種」に指定され、それぞれの「種」を管轄する局（森林局・農業局）や栽培される場所（林地・農地）が定められた［Peluso 1992］。また、植民地政府の森林法は住民の「慣習的な行為」を「権利（合法行為）」と「犯罪（違法行為）」へと区分した［Peluso and Vandergeest 2001］。その一方で、現代では森林認証制度で定められた基準が熱帯諸国の森林管理を「持続可能な経営」と「非持続的な森林経営」へと区分し、森林認証は「持続可能な経営」が行われている森林を自然保護団体や企業が大規模に囲い込むことの正当性を強化している。

政治を通じて「森林」がつくり出されるなかで、多くの人びとの生活が多大な影響を受けてきた。その過程で、これまで主要な役割を果たしてきた国家に代わって、現代では自然保護団体、森林認証機関、企業といった非国家アクターの影響力が増していることが指摘されている。

生産されるモノが、コーヒー、茶、藍《あい》、サトウキビから「持続可能な認証製品」へと変わる一方で、「北」の需要を「南」が供給するという構造は植民地時代から現在まで変わっていない。認証制度が持続可能な社会の実現に向けた取り組みの中で正当性を得るためには、「南」の生産者や消費者に「自分たち」の認証として受け入れられる必要があるだろう。

第五章

インドネシア最大手の製紙会社による「紛争解決」と「住民の同意」

■相楽美穂

1 はじめに

マレーシアの熱帯林に暮らす先住民族が、合板や製材品の原料として企業が行う大径木の伐採のために生活領域を破壊され、開発に反対する彼らが生命の危機に晒されている、というニュースが日本で大きく報道されてから三〇年以上が経過した。その後、木材伐採やオイルパーム・プランテーション、造林等のための森林開発は、パプアニューギニア、インドネシアなどをはじめとする複数の東南アジア諸国で拡大し、各地で住民と開発企業との間の紛争が問題となってきた。インドネシアでは、オイルパーム・プランテーションの造成とともに、紙製品の原料となる樹種の造林のため、天然林の伐採が進められてきた。

インドネシアでは、国内最大の製紙メーカー「アジア・パルプ・アンド・ペーパー（APP：Asia Pulp and Paper）社」が、長年にわたり複数の原料サプライヤー（供給企業）とともに、スマトラ島やカリマンタン（ボルネオ島）の熱帯林や泥炭林に原料を求めてきた。それらの天然林を皆伐した後は、植林により原料を得て、インドネシアと中国にある、年間生産能力が数万トンから数百万トンの十数の製紙工場で製品化し、製品の七割を、日本をはじめとする一二〇か国以上に輸出してきたのである。

APP社の紙製品は、原料の調達や生産の過程で紛争の発生やその懸念が絶えない。APPおよびそのサプライヤーは、進出した森林地でそこに先祖代々暮らしてきた村人と対立し、両者の間で土地をめぐる多くの紛争が生じている。APPとそのサプライヤーが産業造林事業許可（コンセッション）を持つ三八か所二六〇万ヘクタールの森林地内、またはその周辺において、地域住民や他の土地利用者との間で起こっている紛争は数百件、関係する人びとは数千人にのぼるといわれる［HuMa et al. 2015; Koalisi Anti Mafia Hutan et al. 2014］。しかし、日本の量販店で商品陳列棚に積まれているAPPのコピー用紙には、安い価格がつけられ、インドネシア製と記載されている以外は商品に関わる情報はない場合があり（原産国の表示すらないこともある）、生産の過程で生産現場周辺の住民と土地をめぐる紛争が起こっていることは知るよしもない。

2 紛争「解決」と「同意」

問題を抱えた当事者同士の対話による解決が困難となり、深刻な紛争に発展した場合、その解決法としては、法に基づき権利を侵害していないかどうかを精査して法的拘束力のある判断を下す場である「裁判」に持ち込む以外に、国家権力である司法権に基づかない以下のような方法がある。それらはいずれも、必要とされる時間や資金が裁判に比べて少なくて済み、解決までのプロセスを当事者自らが決めることのできる方法である。

それらは、①紛争の当事者にアドバイスを行ったり、双方の主張の取り次ぎを行う人物を介する「相談」、②当事者の双方から等しく主張を聞いて交渉を促し、合意の成立を図る、という、第三者が仲介に入るものの当事者を拘束するような評価や判断を下さない「斡旋」、③仲介に入った第三者が評価や判断を下すものの、それを受け入れるかどうかは当事者が判断する「調停」、④仲介に入った第三者が下す判断に当事者が従うことをあらかじめ合意したうえで判断が行われる「仲裁」、の四つである。

インドネシアでは、法律が地域住民の財産権を十分に認めていないため、被害に遭った人びとは裁判を提起しても判決に期待できず、それゆえ、解決のプロセスに影響を与え、自らの苦境を表明する機会として、斡旋や調停を選択することが多い［Dhiauhaq et al. 2018］。本章では、この斡旋や調停をまとめて「メディエーション」と呼ぶ。

ところでＡＰＰ社は、被害を受けた村人が激しく抵抗し、それを受けて顧客や投資家から事態を改善するよう圧力を受け、また国内外のＮＧＯからの批判が高まるなか、事態を改善するための具体策を示した森林保護方針（ＦＣＰ）を二〇一三年に発表した。その方針の三点目には、苦情への責任ある対処、責任ある紛争解決、「自由意思による、事前の、十分な情報に基づく同意（ＦＰＩＣ：Free, Prior and Informed Consent）」の実施をはじめとする八項目を明記し、その際、「幅広いステークホルダーからのインプットやフィードバックを積極的に取り入れ、協調していく」と謳われている。この方針は、ＡＰＰのサプライヤーにも適用される（表1-2参照）。

しかし、その後も深刻な紛争は続き、森林保護方針の発表から五年以上が経過した二〇二〇年現在も、各地で発生している紛争は解決していない。また、新たな紛争の火種もないとはいえない状況である。国内外のＮＧＯは、森林保護方針に基づいてＡＰＰが紛争解決やＦＰＩＣを実施しているかどうかについて検証を行っている。

そこで本章では、①すでに紛争が生じた地域においては、なぜ紛争が生じ、どのように紛争解決がなされたのか、②紛争が起きる可能性のある地域でそれを回避する取り組みがどのように行われたのか、の二点を明らかにする。前者については、インドネシアのジャンビ州西タンジュン・ジャブン県にあるセニャラン郡[1]の村人と、ジャンビ州のＡＰＰのパルプ製紙工場への主要な原料サプライヤーである、ＡＰＰの子会社「ウィラカルヤ・サクティ（Wirakarya Sakti）社」（以下、W社）との間の紛争を取り上げる。この紛争は、ＡＰＰが森林保護方針を発表した後、部分的に解決に至ったたった一件の事例である［Koalisi Anti Mafia Hutan et al. 2014］。また、後者の事柄については、

APPが森林保護方針を発表した後のAPPの造成地(サプライヤーのものも含む)でのFPICの実施状況およびインドネシア南スマトラ州に新設されたOKIパルプ工場(OKI Pulp & Paper Mills)周辺住民に対するFPICの実施状況の事例によって、FPICの考え方に基づく紛争回避の試みを概観する。そして、これらを明らかにしたうえで、伐採現場での紛争の解決や回避のために、インドネシアおよび、日本を含む国際社会に求められることについて論じてみたい。

3 紛争の状況

◈紛争前の状況

インドネシアの森林は大部分が国有林であり、非国有林(権利林と呼ばれる)はわずかしかない。村人が長年、慣習的に利用してきた森は、二〇一三年にインドネシアの憲法裁判所の判決(2)が出るまでは、森林法の下で国家管理されていた(3)。一九六七年第五号森林法には、慣習的なコミュニティの権利が認められるとの記述はあるが、その権利は国益を犠牲にするものではなく、他の法律や規制に違反しないものとされている。

国有林では、多くの住民が畑をつくり、米やココヤシ、キャッサバなどを栽培したり、川で魚を獲ったり森に入って樹脂や果物を採取するなどにより生計を営んできた。セニャランの場合は、村人はビンロウジュという果樹やココナツを栽培していた[AFA et al. 2012]。ところが、一九九〇年にジャンビ州政府が、村人が慣習的に利用してきたそれらの森に対して、ココアと品種改良されたココナツのプランテーション向けの土地として割り当てる州知事令を公布した。プランテーションは、「非林地」(のちの「他用途地域」)でのみ許可される。一九九六年には、ジャンビ州の地方開発企画庁(BAPPEDA：Badan Perencanaan Pembangunan Daerah)が作成している空間計画(RTRW)の地図上で、主に農園や畑などの用途に向けられる「非林地」として分類されることとなった[AFA et al. 2012]。インドネシアでは、すべての土地は森林地か非森林地のどちらかに分類され、森林地は林業省[4]の管轄であった一方、非森林地は国家土地庁(BPN：Badan Pertanahan Nasional)の管轄下にあった。セニャラン村(写真5-1・5-2)の人びとが利用していた森は、非林地への変更に伴い、林業省の管轄から除外された。ただ、セニャラン村の森は、非林地に分類されても国の管理下にあることに変わりはなく、森林法と同様、一九六〇年第五号

写真5-1　川沿いのセニャラン村(2015年9月)
撮影：笹岡正俊

写真5-2　セニャラン村の子ども(2015年9月)
撮影：笹岡正俊

土地基本法には、慣習的な権利は国益を犠牲にするものではなく、他の法律や規制に違反しないものとされている。

一九九〇年にジャンビ州知事令が公布された当時、インドネシア全土の森林地のゾーニングは、林業省が主導する土地利用計画(TGHK：Tata Guna Hak Kesepakatan)のもと、州レベルのステークホルダーとの協定により行われており、法律に基づくものではなかった[Rosenbarger et al. 2013]。インドネシアの土地利用計画に関する最初の法律である空間計画法は、一九九二年に成立した。しかし、この法律に基づく空間計画は、それまでの林業省主導の土地利用計画との食い違いがみられ、一九九四年に始まった両者の統合化の試みはうまくいかなかった[Rosenbarger et al. 2013]。セニャラン村の森は、こうした国レベルの森林政策の混乱の渦中にあったのである。

その数年後の二〇〇一年、西タンジュン・ジャブン県が、この非林地とされた村人の土地を、今度は生産林に転換する提案を行い、林業省はこれに応じ、W社の産業造林コンセッションを一九万一一三〇ヘクタールに増加することに関する林業大臣決定(No. 64/Kpts-II/2001(Add. I))を公布した[Samsudin and Pirard 2014]。非林地の指定は解除されて、林業省が管轄する生産林として分類されたのである。ところで、この直前の一九九八年に三〇年以上にわたった中央集権的なスハルト政権が崩壊し、ハビビ新政権は民主化を実現するための一環として一九九九年に地方行政法を制定し、中央政府から地方政府への権限移譲が行われた。しかしこの権限移譲は、省庁間の調整や地方政府の体制整備が不十分な状態で急速に進められ、行政は全国的に混乱した[黒栁 2014]。また、権限が移譲された地方政府レベルで、今度は汚職や権威主義的統治が問題となった［黒柳 2014］。セニャラン村の土地利用の変更は、この分権化の流れのなかで、森林管理の権限が中央から地方政府へと急激に移ったこととも関連している可能性がある。分権化により、全国的に、地方レベルで許認可の発給がずさんに行われ、その結果、森林減少が進んだ。そのため、二〇〇二年に伐採に関する権限は中央政府に戻されている［海外林業コンサルタンツ協会 2013］。このように、村人が慣習的に利用していた森に対する権利は、森林法や土地基本法の中で十分に保障されていない。そのため、政権が代わり森林管理制度が大きく変更となるなかで、村人が利用してきた森は、政府の意向により企業の事業地に組み込まれていったのである。このことが、セニャランでの土地紛争の要因であると考えられる。

◈紛争の発端

オイルパームや木材、鉱物資源の開発に基づく経済成長政策が進むにつれ、政府が企業に発給した事業許可権の主張と、許可された開発区域に住んでいた人びととの慣習的な森林利用権の主張との間の衝突が各地で増加するようになる。セニャランの場合、前述のように二〇〇一年、林業省は一九万ヘクタールに及ぶ産業用造林許可を発給し、これにより、W社が得たコンセッションと村人が利用していた森とが重複することとなった［Samsudin and Pirard 2014］。産業用造林許可を得たW社は、二〇〇一年から村人の慣習地の利用について村の役人と協議を行い、二〇〇四年に七二〇〇ヘクタールの土地のW社による利用について合意に達したのち、W社は植林地造成を開始した。しかし、ほとんどの村人たちは合意事項の内容を知らされておらず、二〇〇六年にW社がブルドーザーで彼らの農園を横切り、運河を建設し始めてから、W社の開発計画を知ることとなった［Kiezebrink et al. 2017］。

◈紛争のクライマックス

村人は地方政府に抗議し、度重なる話し合いが行われたものの決着しなかった［Samsudin and Pirard 2014］。そこで彼らの多くは、ジャンビ農民組合に加わり、W社と政府に対し陳情と抗議行動を行った。W社と警察は、セニャランに通じる唯一の道路をコンテナで封鎖する措置に出て、村を孤立させ、それ以後、村人は川での移動を余儀なくされた。二〇一〇年に入り、農民の祝日に村人がW社の施設近くで行ったデモにおいて、W社の警備会社の緊急部隊と口論となり、激しい衝突に発展した。紛争はエスカレートしていき、数百人の村人がW社のアカシア植林（**写真5-3**）を占拠し、企業の造林事業を妨害した。また、二〇一〇年一一月、村人は、伐出された木材等の運び出しにW社が利用していた川をワイヤーで封鎖した。その四日後、警察機動隊

写真5-3　W社のアカシア植林地（2015年9月, セニャラン村）
撮影：笹岡正俊

によって警護されたW社の船と村人が封鎖場所で対峙する事態となり、ワイヤーを壊して進行する船から警察隊が銃撃を開始。村人の一人がその犠牲となり、死亡した。警察隊は警察の一部局であるが、W社と住民の間の土地紛争には決まって出動し、W社のために活動しており、紛争解決の仲介は行っていない。この事件により、セニャラン村での土地紛争が世間の関心を一挙に集めることとなった[Kiezebrink et al. 2017; Dhiaulhaq et al. 2018; 原田 2014b]。

4　紛争の解決——メディエーションによる合意とその問題

◈三つの和解案

死者が出る一週間前、ジャンビ州議会議長、タンジュン・ジャブン県議会議長、州政府審議会議長、西タンジュン・ジャブン県議長、林業省担当者、W社が会合を開き、その会合で、解決策として以下の三つの選択肢が提案された[原田 2014b]。まず、①村人とW社の間で収益を分け合うパートナーシップ事業、②コミュニティによるプランテーション林の造成、そして、③生産林とされたセニャラン村の非林地への再度の変更である。死亡事件発生直後に政府、W社、村人が集まり、これらの提案について話し合った結果、村人側は①に同意したが、交渉は進まなかった[原田 2014b]。村人が②や③を選択しなかったのは、これらの手続きは複雑で長い時間が必要であり、事実上実現不可能と考えたためである[Dhiauhaq et al. 2018]。

◈政府介入によるメディエーション

村人と林業省、企業の要請により、最初のメディエーションは、二〇一一年に森林分野に関係するさまざまなステークホルダーから成る国家森林評議会(DKN)[Dhiaulhaq et al. 2018]が第三者として仲介に入って行われた。村人側は、ジャンビ農民組合を村人の代表として選び、W社のコンセッション内で利用権を主張していた村人二〇〇二世帯とW社の間の紛争解決策について話し合われた。しかし、協議は遅々として進まず、業を煮やした村人たちはW社が造成した水路の一部を占拠する事態となった。さらに、W社側は、最終的な決定権を持たないスタッフを協議のテーブルに派遣し、二〇〇四年の村のリーダーによる署名で決着がついているとして、協議のテーブルにつくことを取りやめた[Anderson et al. 2014; FPP et al. 2015; Dhiaulhaq et al. 2018]。

◈環境NGOの介入による新たなメディエーション

政府の仲介によるメディエーションが混迷を極めるなか、林業省は、仲介役として企業の責任ある生産・流通を支援する国際的な非営利組織「ザ・フォレスト・トラスト(TFT:The Forest Trust)」(現アース・ウォーム財団:Earthworm Foundation)を指名した。ザ・フォレスト・トラストはAPPが二〇一三年二月に公表した森林保護方針の実施にあたり、その支援業務を委託した組織である。長い紛争により疲労困憊していた村人は、当初、ザ・フォレスト・トラストがW社に有利な形で交渉を進めるのではないかと疑心暗鬼になっていた。だが、村人は最終的に、W社の親会社である

APPの最高決定責任者レベルとザ・フォレスト・トラストとの直接的なつながりに期待をかけ、ザ・フォレスト・トラストの仲介によるW社との協議を受け入れ、二〇一二年にメディエーションが始まった。APPの森林保護方針公表後の二〇一三年六月に合意に達したことから、この協議は、森林保護方針に掲げられた紛争解決の規定を実践する最初の試みとなった。APPは関係するNGOに対し、セニャラン村とW社の間の紛争解決は、森林保護方針適用の重点案件であると述べていた[Samsudin and Pirard 2014; Anderson et al. 2014; FPP et al. 2015; Dhiaulhaq et al. 2018]。

写真5-4　メディエーションの結果，ゴム栽培用に割り当てられた土地（2015年9月，セニャラン村）
撮影：笹岡正俊

ザ・フォレスト・トラストを仲介役として、二〇〇二世帯が返還を主張する土地の扱いについて協議が行われた。林業省が一世帯あたり二ヘクタールの分配が妥当だと判断したことに基づき、村人側は、二〇〇二世帯の割り当て分の合計四〇〇四ヘクタール全域での村人によるゴム栽培を主張した。しかし、W社側は二〇〇四年に林業省から付与された産業用造林許可を根拠に村人の要望を受け入れず、最終的に、村人によるゴム栽培が可能な土地は一〇〇一ヘクタールにとどまった（**写真5-4**）。ゴムの種子購入にはW社からの資金支援が得られるものの、残りの三〇〇三ヘクタールはアカシアの植林地とし、その収益のうちの一定額を村人に支給することで合意に至った[FPP et al. 2015; Anderson et al. 2014; Dhiauhaq et al. 2018; 原田 2014b]。

メディエーションによって合意がなされて以後、紛争当事者間の緊迫感は和らいだ。協議は、その目的や議題、参加者とその役割、協議の進め方などに関して双方の当事者があらかじめ合意したルールに従って進められ、さらに、双方が自分たちの代表者を選ぶことができ、その選ばれた代表者は協議の間は平等に扱われており、協議の進め方については公正であったとされている。しかし、この結果に村人が満足しているわけではない。村人の多くは、自分たちの森のすべてを取り戻すことを望んでいた。ところが、協議の席についた村の代表者たちは、長期にわたる協議で農作業に従事する時間を奪われ、生計に支障を来し、疲れ果て、また、何年もの間プランテーションを占拠してW社に抵抗している村人たちを案じて、協議の結果を受け入れざるを得なかったのである[Dhiauhaq et al. 2018; Kiezebrink et al. 2017]。

セニャラン村の村人とW社との間のこのメディエーションは、ザ・フォレスト・トラストの仲介のもと、その手続きのあり方について双方の合意のうえで進められた。このように合意された手順に沿っていたにもかかわらず、協議の結果は、村人側にとって満足できる結果とはならなかった。以下、なぜこのような結果となったのかについて、NGOや研究者の検証をもとに整理する。

◈村人の交渉力の弱さ

こうしたメディエーションの意義は一般に、「当事者間の自主性に基づく対話の継続」とともに

「公正な第三者の関与」にあるとされている。たしかに、セニャランの村人との協議は、ザ・フォレスト・トラストの仲介のもと、定められた手順に沿って両者が平等に扱われていた。しかし、村人が自由に利用できる面積は、村人によるゴム栽培向けの土地としてかつての四分の一に減少したうえに、W社によるアカシア植林から得られる利益は、両者の間の経済格差が反映された分配となった。三〇〇三ヘクタールの土地でのアカシア植林の収益のうち、村人に分配される金額は、二〇一四年から二〇一七年までは毎年七億五千万ルピア(約五五〇万円)、二〇一八年から事業許可が切れるまでは毎年五億ルピアとあらかじめ決められており、物価の変動は考慮されていない[5]。また、村人を支援する国際NGOであるフォレスト・ピープルズ・プログラムの試算によると、この金額は、W社が得ると推定される収益の五~一〇パーセントにすぎないとされる[Anderson et al. 2014]。アカシア植林からW社が獲得できるであろう利益とコストに関する情報を村人が入手していれば、交渉の内容が異なったものになっていたかもしれない。法律や経営、経済情勢などに関する知識、情報に乏しいという村人の状況を改善しなければ、交渉は村人に有利とはならない。

◈政治の腐敗と経済成長政策

しかし、村人が満足のゆく結果を得られないという状況の根本には、こうした村人の交渉力の弱さだけでなく、法律の内容に基づいて政策が実施されていない[島上 2012: 67]ということや、法律そのものが経済成長政策は推進するが住民の権利を尊重するものとなっていない[Dhiauhaq et al.

2018］ということがある。政府と企業の癒着や汚職、縁故をひいきする習慣が浸透し［全国木材組合連合会 2009: 62］、また、土地紛争で企業に立ち向かう住民は、企業を守る警察、国家権力から監視され、場合によっては弾圧される。癒着や汚職を生み出しているとされる複雑な森林管理制度の体系も問題である。さらに、村人が利用している森林の大部分は国有地であり、森林の利用法を決定する権限を持つ国が開発事業者を優遇する政策を採り続けており、村人の利用権は二の次にされているのである。しかし前述のとおり、インドネシア憲法裁判所は二〇一三年五月、国有林に区分されている森林の中でコミュニティが長年利用してきた森について、住民の所有権を認めるべきであるとの、村人にとって画期的な判断を下した［Koalisi Anti Mafia Hutan et al. 2014; 環境省 2014］。その後、地域によっては慣習林を認める条例が公布されており、二〇一六年には政府によって九つの慣習林が認められている［Hidayat et al. 2018］。さらに二〇一九年には慣習林と権利林に関する環境林業大臣規則が公布されており、今後、インドネシア全土の慣習林に対する村人の権利が政府により本当に認められることになるか、注目される。

◈利用できない住民主体の森林管理制度

この裁判所の判断以前より、村人の森林管理を保障する国の制度がいくつか存在している。セニャラン村の村人に対し、二〇一〇年に政府が提示した三つの解決策のうち、二点目のコミュニティ・プランテーション林は、そういった住民の利用権を認める制度の一つである。しかし、この制度と、三点目の解決策である非林地への再度の変更のいずれもが、複雑な申請手続き、地方政府林業局の能力・予算不足、他の森林区分との重複、中央政府と地方政府の間の調整不足などのため、インドネシア全国で実現しているのは限られた面積でしかない[Dhiauhaq et al. 2018; 原田 2014a; 環境省 2014]。セニャラン村の村人がこうした制度の利用を見送ったのも、複雑な申請手続きのためであった。

このように、村人と企業の双方が合意した手続きに則ってメディエーションが行われても、村人が望んでいる森林の利用権は十分に保障されない。メディエーションでは紛争の根本に横たわっている原因に切り込むことはできないのである。それでもなお、村人がメディエーションによる紛争解決を選択するのは、それ以外に現実に採用可能な方法がないからである[Dhiauhaq et al. 2018]。ただ、APPのように海外に販売拠点を展開している多国籍企業やその子会社との紛争の場合は、村人が企業と対峙し、メディエーションにおいて主張を続ける間に、国際NGOや海外の機関投資家からの企業に対する批判が高まるかもしれない。そうした国際社会が拠り所とするのは、長年にわたる多国籍企業による先住民族や地域住民の人権侵害問題を背景に二〇〇七年に国連総会で採択された「先住民族の権利に関する国連宣言」や、二〇一一年に国連人権理事会で推奨された「ビジネスと人権に関する指導原則」などの人権に関する規範である。これらを参照して、開発事業に伴う地域住民との間の紛争を裁判以外の方法で解決するためのあるべき手順について、あるいはFPICの手順について、さまざまな組織がガイドラインを作成するようになった。これらのガイドラインをもとに企業行動が検証されるようになり、企業はマイナスの評価を恐れて紛争解決に向けた努力を加速させる可能性がある。その結果、村人の望む解決策が導かれる場合もあるだろう。国際NGOのグリーンピースは、APPによる森林保護方針の策定は、国際市場キャンペーンによりAPPへ圧力を与えた結果だと主張している。W社は、親会社が森林保護方針を策定して以降、その内容に従って紛争管理の手順を迅速に改善する努力をしたとの評価もある[Dhiauhaq et al. 2018]。村人がゴム農園のための土地をどうにか確保できたのは、国際NGOからの批判をかわすために企業側が譲歩した結果であるとの見方も可能だろう。

5 紛争の回避——企業によるFPIC実施とその問題

紛争が深刻化する前に対立関係を回避すれば、当事者双方にとって損失が小さくて済む。ここでは、近年、国際NGOが導入を進めるべきと主張している、企業と村人の間の土地紛争回避策としてのFPIC(Free, Prior and Informed Consent)に注目してみる。ただし、FPICが法律に謳われているのではなく、APPやW社のように企業が自主的にFPICを実施する場合は、紛争解決のためのメディエーションの実施と同様、森林が国家の管理下にあるということになんら影響を与えない。それでもなお、FPICを実施するべきだとの企業外部からの圧力は、村人の立場を改善するかもしれない。企業が自主的にFPICを実施するかどうかを国際NGOは注目しており、その実施内容が企業の評判や評価を左右するとして企業が危機感を抱くようになれば、企業の村人への対応が改善され、村人の主張が尊重される法制の整備が進む可能性もある。

◈FPICとは何か

FPICとは、「先住民族の土地やその土地の資源などに影響を及ぼす恐れがある事業について、先住民族が、強制や脅しに晒されることなく自らの意思に基づき（Free）、その事業に関し事前に（Prior）十分な情報を得たうえで（Informed）事業に同意する（Consent）こと」である。[6] 先住民族が主張するFPICの由来は、医療分野での患者の人権運動と一九六〇年代の消費者運動が合流して生まれた、インフォームド・コンセント（治療方法の選択時に、十分な情報を得たうえで患者が同意すること〈自己決定権〉）［星野 2003: 34, 86］の考え方にある。というのは、本国から先住民族として認定されていても、したがって民族自決権を認められていても、その行使が十分にできないことが多かったからである。他方で、国際法上の先住民族に該当すると考えられるが、本国によって先住民族であるとは認められていない集団（先住民）の場合は、先住民族としての認定や民族自決権を主張したために、先祖代々暮らしてきた土地を奪われたり弾圧を受けたりしてきた。

そこで、先住民族や先住民を支援する人権擁護団体等は、民族自決権や自己決定権を直接的に訴えるのではなく、インフォームド・コンセント（この用語に「事前に（Prior）」は含まれていないが、前記定義のように施術前の選択時点での同意であるため、「事前に」を意味している）の考え方を戦略的に使うことで、彼らの権利を守る運動を進めるようになった［Colchester and MacKay 2004］。他方で、国連の人権機構や人権条約の委員会、世界保健機関（WHO）、国際労働機関（ILO）、国連環境計画（UNEP）、また、環境条約や主に先進国の国内法を通じて、一般的にはPICという手続きを踏むこと（PIC

手続き)が広まった。とくに、先住民族や先住民については、一九八九年に採択されたＩＬＯ第一六九号条約がＰＩＣ手続きを定めている。なお、この条約は、各集団による自己認定を先住民族であると決めるための根本基準とみなすと定めている。しかしながら、実際には、先住民族や先住民の立場の改善は遅々としており、また、ＰＩＣ手続きにおいて開発事業者等に有利な方向に半ば強制される側面が見られたこともあり、彼らのＰＩＣを確実に保障するために、「強制や脅しに晒されることなく自らの意思に基づく(Free)」を強調して、ＦＰＩＣという記述が普及する。彼らの長きにわたる運動の結果、二〇〇七年に国連総会で決議された「先住民族の権利に関する国連宣言」の中でＦＰＩＣが明文化されることとなった。ただし、国連総会決議は法的拘束力を持たないため、この国連宣言には法的拘束力はない。

ＦＰＩＣが権利として認められるのは、以下の場合である。まず、ある民族が本国の法律によって、国際法上の先住民族として認められている場合、すなわち彼らに民族自決権が認められている場合である。ＦＰＩＣは民族自決権の一部であるから、たとえＦＰＩＣに関する国内法が制定されていなくても、その国の先住民族はＦＰＩＣの権利を持っていることになるのである。例えば、フィリピンは先住民族権利法(Indigenous People's Rights Act)にＦＰＩＣが規定されているが、このような国は少ない。

次に、先住民に対して、国内法がＦＰＩＣを規定していれば、その先住民のＦＰＩＣは権利として認められる。さらに、先住民族、先住民のいずれでもない地域住民に対しても、国内法がＦＰＩＣを規定していれば、ＦＰＩＣは彼らの権利として認められることになる。

ただし、国家の立場からは、先住民族が要求しているＦＰＩＣの「Consent」をめぐって、土地や地下資源に対する国家の管轄権に抵触するのではないかとの懸念から、先住民族の権利が法律で認められている国であっても、ＦＰＩＣの実施は困難を伴っている。事業者がＦＰＩＣを実施するということは、同意がなければそのプロジェクトを停止・中断せざるを得なくなることを意味しているのである。先住民族の権利が法的に最も認められているラテンアメリカ諸国でさえも、事前の協議（Consult）の手続きが法制化されるにとどまっている。ＦＰＩＣの法制化が進まないなかでは、環境保護団体や人権擁護団体は事業者に対し、自発的にＦＰＩＣを実施するよう要請するしかないのが現状である。

◈企業による自主的なＦＰＩＣと地域住民

一方、近年は、企業による人権・環境問題への自主的な対応が求められるなか、国際ＮＧＯは、企業もＦＰＩＣを実施すべきだと主張するようになった。先住民族や先住民が企業や国家に対しＦＰＩＣを彼らの権利として要求する運動を、長年にわたって支援してきたＮＧＯが各国に存在するが、それに加えて、近年ではＮＧＯが企業に対して、先住民族や先住民だけでなく、事業実施区域やその周辺に居住し、事業の影響を受ける地域住民に対してもＦＰＩＣを実施すべきであると要請するようになったのである。つまり、森林での事業活動を行う企業と、そこで生活してきた住民との間の紛争を回避する策としての企業による自主的なＦＰＩＣである。ＡＰＰも、そうしたＮＧＯからの要請に応じてＦＰＩＣを実施すると公約している。ＦＰＩＣの手続き自体は、途上国の人権問題に取り組む国際NGOがFPICという言葉を使うようになる前から、現地のNGOによって能力構築プログラムの一環として地域住民に対して実施されてきたものである。このところの開発現場におけるFPICの考え方の定着は、FPIC実施の公約が「企業の社会的責任」を果たしているかどうかを示す一つのメルクマールになりつつあることの表れと見て取れる。

◈APP社によるFPICの最初の試み

APPが二〇一三年にFPICを実施すると表明して以降、実施するかどうかにNGOが厳しい目を向けるようになったことから、APPもそれに応えざるを得なくなった。APPは二〇一三年春に、造林計画地でのFPIC実施要項を策定した。OKI工場周辺の住民に対するFPICの適用については二〇一三年夏に発表され、OKI工場の建設は二〇一四年初めに始まった。さらにAPPは、森林保護方針の達成状況について、国際NGOのレインフォレスト・アライアンスに評価を依頼した。レインフォレスト・アライアンスはAPP等からの証拠書類やフィールド調査、関係者との協議・ヒアリング等をもとに評価を行った[Rainforest Alliance 2015]。その評価報告書は二〇一五年に発表され、その中でOKI工場でのFPIC実施についても評価が行われている。

レインフォレスト・アライアンスのこの報告書は、国連の先住民族問題に関する常設フォーラムをはじめとする複数の組織が作成しているFPIC実施のためのガイドラインを拠り所に、A

PPによるFPIC実施の評価を行っている。報告書は、既存の紛争の解決に向けて取り組みが始まっていることについては評価するとともに、OKI工場建設に伴うFPICについては多少は実施されたと評価した。「ある程度実施」との評価は、APPが工場新設と新規プランテーション開発でのFPICに関する実施要項を策定しただけで、サプライヤーのコンセッションを含むすでに造成された地域でのFPICについて表明していないためである。また、多くの企業関係者の証言からも、FPICが部分的に、一部の人びとを対象に実施されたにすぎないことが判明した[Rainforest Alliance 2015]。

まず、レインフォレスト・アライアンスが訪問したいくつかの原料サプライヤーの造成地で、そのサプライヤーが行ったFPICは、実際にはFPICという概念を村人に紹介し、今後の事業計画を伝えるという「社会化」プロセスであり、村人から事業実施についての同意を得ているわけではなかった。また前述のように、APPが策定したFPIC実施要領の中には、天然林の伐採が行われていない場所でのFPIC実施にあたっての記述はみられるが、森林保護方針が発表される前にすでに天然林の伐採が終わっていた場所での造林事業でFPICをどのように実施するのかについては明確な記述がない。さらに、原料サプライヤーやAPPのスタッフはFPICについて、新たな伐採の開始時にのみ実施すればよいとの認識や、逆に植林事業の各施業で行うものだとの認識を持つ者がほとんどで、企業関係者のFPICに対する理解は十分ではなかった。さまざまな組織によるガイドラインによれば、FPICは事業の開始時のみならず、その事業が終了しその地域から企業が撤収するまでの間、事業が地域住民に影響を与えるどんな活動に対しても実施が求められているのである[Rainforest Alliance 2015]。

ＯＫＩ工場建設に関して、ＡＰＰは二〇一三年末、ＦＰＩＣ実施要項に沿った手続きを開始した。そして、二〇一四年六月に工場建設予定地周辺の七つの村それぞれの同意を得た。しかし、実際に同意を得るための手続きが始まった二〇一四年初めにはすでに工事が着工されていた。工事と並行してＦＰＩＣの手続きが進められたのである。また、工場建設に村人が同意した後、ＡＰＰによるＦＰＩＣの手続きに問題があったことを指摘する書類を、レインフォレスト・アライアンスはある団体から受け取った。それによると、ＦＰＩＣについての詳細な説明を村人に対して行わなかったこと、工場建設計画について十分な情報を村人に提供しなかったこと、村人たちが外部からアドバイスを得る機会が不足していたこと、村のリーダーの署名のあとに村人の承諾を得ていないことなどの問題が挙げられていた[Rainforest Alliance 2015]。ＡＰＰは実施要項を策定し、それに基づいてＦＰＩＣの手続きをとったが、このようにいくつもの問題点が指摘されており、ＦＰＩＣ実施の国際的なガイドラインの水準には達していないと指摘されている。

6　紛争の解決、紛争の回避に向けて

セニャランでの土地紛争の実態をみると、インドネシアでは法律に基づく施策の実施が十分ではないことがわかる。インドネシアでは現在、「法の支配」の確立が国家的課題となっている[平石ほか 2016: 4]とされるが、森林分野もその例外ではない。とくに住民の権利を保障する法律が十

分には機能していないため、企業は、自らの活動によって悪影響を受ける住民や生態系への配慮のために、資金や労力を費やす義務を適切に果たしていない。そのような状況のなか、住民が被った被害に対し、裁判によらない救済策としてメディエーションが行われているが、立場の弱い被害者にとって満足のゆく結果を引き出すのは容易ではないのである。

本稿執筆中に、W社が、同じスマトラ州で紛争状態にある村人の栽培しているゴムやオイルパームに、ドローン（無人航空機）で農薬を散布し、また、警備員に村人の住居を訪ねさせ、退去するよう威嚇しているとのニュースが入ってきた［Jong 2020］。このニュースを受けて、九〇の環境・人権団体が投資家およびバイヤーに対し、APPおよびその取引先との事業を停止するよう要請する公開書簡を出した［Baffoni 2020］。APPが真摯に森林保護方針の内容を履行するよう、国内外からさらに厳しい対応がなされなければならない。

根本的には、インドネシア政府が住民の権利の尊重を謳った法律に基づく政策運営を行わなければ、土地紛争は解決しないだろう。しかし、だからといって海外諸国が、インドネシアで多発している土地紛争をインドネシア政府の責任であるとして、企業の責任をなんら問うことなく看過することは、倫理上許されないだろう。そこで、対応策の一つとして国連加盟国が進めてきたのが、法的拘束力を持つ人権条約の制定である。これらの条約を各国政府が批准し、その内容を反映させた法律に基づく国内での施策の実施が望まれる。ただし、先住民族の人権に関する法的拘束力のある国際文書は存在せず、先述の「先住民族の権利に関する国連宣言」は、国際法の立法過程を経ていないために法的拘束力はない。しかし近年は、森林分野の企業に対しても、この

「先住民族の権利に関する国連宣言」に謳われているFPICの考え方をその活動の中に自主的に取り入れるよう、NGOなどが要請するようになっている。それを受けて、企業によるFPICの手続きが行われる例はあるが、APPの事例にみられるようにその実態は十分とは言えず、外部からの厳しい目がなければ内容の伴わないものとなる恐れがある。

そのため、住民の権利を守るためには、メディエーションやFPICの手続きをはじめとする企業との交渉において、住民の交渉力を高めるためのさらなる能力構築が必要だろう。また、住民の能力構築を実践する現地NGOを支援することも求められる。さらに、インドネシア政府の能力構築も、国レベルで継続することが必要である。企業に対しては、人権侵害が事業の存続にとってリスクであると企業が認識し、危機感を持つような不断の取り組み（例えば機関投資家の環境・人権配慮を促す活動）が、国内外から行われなければならない。

日本において、熱帯林の減少とそこでの人権侵害の問題に関わるNGOが誕生して三〇年が経過した。この間、日本のNGOは限られた人員と予算で、現地での被害の実態を日本に伝え、被害者およびその支援組織と協力関係を築いてきた。そして、熱帯材を取引している日本の関係者に対して、熱帯材の取引を控える、あるいは代替品を開発・購入するよう要請する活動も行ってきた。その要請先は、伐採された熱帯材を輸入している日本企業に始まり、輸入された熱帯材を加工して製品を製造する日本国内の木材加工業、さらにはそれらの製品を使用する建設業、またはそれらの製品を発注する地方自治体などと、対象が広げられた。また、人権問題にも配慮した自主的な森林保全策を推奨する、FSC認証制度やRSPO認証制度を支援してきた。そして、熱帯の国々の内政干渉にならない範囲で、熱帯林由来産品を輸入する日本が国内で取り組める、熱帯林保全や人権保護のための法制化に向けた提言を行った。それらの一部は、環境・人権に配慮した製品の公共調達を促すグリーン購入法や、合法木材の取り扱いを促すクリーンウッド法などの法律となった。近年では、機関投資家に対して環境・人権問題への取り組みが不十分な企業への投資を控えるよう要請する活動が進められている(7)。

熱帯林で伐採された木材や、伐採跡地で生産される産品には、土地紛争で闘う人びとの苦しみや絶望が埋め込まれているという現実は、三〇年後の今も変わっていない。だが、この三〇年の間、商社、町工場からゼネコンに至るまでの製造業者、製品の大口発注者としての地方自治体、金融機関と、日本の多くの経済主体に問題を投げかけた結果、熱帯林問題が日本の社会に知れ渡るようになってきた。日本の企業や消費者の間でも、問題に加担しているとの認識が広まりつつある。熱帯林問題が、先住民族の権利に関する国連宣言の内容とともに社会全体で共有されることにより、国際市場をターゲットとしている企業の人権問題への関心が高まり、人権軽視は企業の経営リスクになるとの意識が醸成されるかもしれない。さらに、国際市場に商品を供給している企業の人権に対する姿勢が変化すれば、海外に進出していないことから国際社会が注目していない国内企業の人権への対応の必要性についても、国内外で議論されるようになることが期待される。そのことは、国内での政府レベルの抜本的な人権対策を推し進める契機となり、国内企業と住民の間の多数の土地紛争にも、解決の糸口が見出されるかもしれない。

註

（1）セニャラン郡は、最末端の行政下部組織である九つの「村（desa）」により構成されている。本章では、セニャラン郡の一部の村人が巻き込まれた紛争を扱う。

（2）二〇一三年憲法裁判所判決により、慣習林は権利林（private forests）に分類されることになった。この判決は、インドネシアの先住民族全国連合体であるＡＭＡＮが、一九九九年森林法の違憲性について提起した裁判の判決である［Suparto 2019］。なお、一九九九年第四一号森林法の前身は、一九六七年第五号森林法である。

（3）以下、セニャラン村の紛争を記述するにあたり、関連する法律については、一九九〇年から二〇一〇年の間に有効であった法律に限定して説明する。

（4）インドネシアの林業省は、二〇一四年に環境省と統合して環境林業省となっている。

（5）笹岡正俊氏によるセニャラン村の村人への聞き取り調査（二〇一五年九月実施）および、その際、入手した村人とＷ社との間の合意書の記述による。

（6）相楽ほか［2015］は、ＦＰＩＣの法的理解が不十分であり、国家が法律に基づき実施するものとしてのＦＰＩＣと、企業の自主的な取り組みとしてのＦＰＩＣの議論を混同させているとの指摘を法学者から受けている。また、ＦＰＩＣのＣの部分の日本語訳は「同意」が正しい。

（7）例えば、ハイネケン［2019］の記事を参照。

謝辞

本章を執筆するにあたり、磯崎博司氏（岩手大学名誉教授、元上智大学教授）、本書共著者の笹岡正俊氏、原田公氏、藤原敬大氏から貴重なアドバイス、コメントをいただいた。ここに記して感謝申し上げます。

第六章

「住民との同意」は本来の目的を果たせるのか

■浦野真理子

1　農地への投資と住民の同意

開発途上国の農地への投資は、住民からの土地の収奪を引き起こすとして批判されてきた。「自由意思による、事前の、十分な情報に基づく同意（ＦＰＩＣ：Free, Prior and Informed Consent）」の原則は、住民たちが政府や企業のプロジェクトから悪影響を受けることを防ぎ、土地や資源利用に自己決定権を持たせる目的でつくられた。この原則は一九八九年のＩＬＯ第一六九号条約で先住民の権利として登場し、その後は先住民に限らず広く地域住民の権利を守るため、国連や世界銀行などの国際機関が定めた責任ある投資のための行動原則に採用されてきた。環境や人権に配慮することを求める世論が高まるにつれて、民間企業も自主的な行動原則として採用することが増えている。

しかし、FPICの考えが普及する一方で、住民が同意を求められていても本当に自己決定権を得たとはいいがたいケースが多い。住民が同意する前に進出企業は政府から事業許可を得ており、住民に拒否権がないことがほとんどであるからだ。また、「住民」が同意するといっても、住民の中にはいろいろな意見が存在する。住民の中の力関係が影響し、多くの住民たちの意向が反映されないまま、「同意」が決まることもある。だから、「同意」は政府の政策や企業活動にお墨付きを与えるだけだ、という批判も行われている。[1]このような批判がある一方で、FPICがさらに普及し、実施がより良い形で行われれば企業の地域貢献を促進し、住民が開発の恩恵を受けられるという考え方もある。住民から同意を取りつける試みは現地にどんな影響を与えているのだろうか。インドネシアで木材とアブラヤシ生産が行われている森林地域を事例に考えてみたい。

2　インドネシアの森林開発

木材、紙パルプ、パーム油は、インドネシアの主要輸出品であり、紙製品、ポテトチップスの揚げ油、洗剤など、私たちが毎日消費している製品の原材料になっている。だが、紙パルプ用の木材もパーム油の原材料のアブラヤシも、生産に広い土地が不可欠であるため森林破壊や住民からの土地の収奪を引き起こしてきた。

問題の背景には、輸入国の旺盛な需要とともに、環境や人権への配慮を後回しにしてきたインドネシア政府の政策の欠陥がある。しかし、三二年間の独裁政治を行ってきたスハルト大統領が一九九八年に退陣したあとは、民主勢力の努力によって、少しずつ住民の権利が認められてきた。一九九九年に改正された林業法ではコミュニティの森林地における慣習的所有権が尊重されることが明記され、二〇一四年プランテーション法ではプランテーション企業が必要とする土地が慣習法的共同体が慣習的に所有する土地であった場合、企業は慣習的に土地を所有する慣習法的共同体と協議をして土地の譲渡と報酬について同意を得るべきことが明記されている(第一二条)。しかし、実際には慣習法的共同体と認定されるのが難しかったり、慣習的に所有する土地の特定に必要な地図の作成にスキルと費用が必要だったりと課題は多い。一方で、インドネシア国内で言論の自由が進んだため、権利が侵害されたと住民が感じた場合に実力行使で抗議活動に訴えるようになった。生産活動が滞ることもあるため、企業が進出する時には、まず住民への説明が行われるのが一般的になっている。企業は、投資計画から住民も利益も得られるようなパートナーシッププログラムや補償を提示して、住民の同意を求めようとすることが多い。一九九八年まで続いたスハルト大統領の独裁政権では、地域住民の同意を得るというプロセスはなかったから、事業の説明がされ、同意が求められるということは進歩といえる。

また、進出する側の企業の動きとして、環境保護団体と協力して自主的な環境保全や人権保護の基準を示す認証制度への参加が増えている。消費者からの批判やボイコットを防ぐため、認証制度を通じて自分たちが社会的責任を果たしている企業であることを環境や人権問題に対して意識の高い消費者へアピールしようとしているのだ。環境保全や地域社会に配慮して生産された木材を認証する森林管理協議会(FSC)認証は一九九三年に創設された。また、パーム油については、持続可能なパーム油のための円卓会議(RSPO)認証が二〇〇四年に創設された。これらの認証制度の中で、FPICは必須項目となっている。

不十分とはいえ、農地への投資が行われる時には、地域住民から「同意」を得ることが少しずつ一般的になってきたといえるだろう。しかし生産現場を見ると、現地への影響はとても複雑だ。私は一九九八年からインドネシア側のボルネオ島に位置する東カリマンタン州の森林地域で継続的に調査を続けてきた。現場の事例から考えてみたい。

3 インドネシア東カリマンタン州の事例

ボルネオ島の東側に位置する東カリマンタン州はインドネシアでも有数の森林地域であり、一九七〇年代から大規模な木材伐採が行われてきた。東クタイ県ブサン郡は州都のサマリンダから車でアブラヤシ農園やパルプ用植林地域を七~八時間行ったところにあり、六つの村が位置している。東クタイ県は地方分権化政策によって一九九九年に誕生し、それ以来、アブラヤシ農園企業や石炭企業を積極的に誘致してきた。しかし、道路、電気、安全な水などのインフラの不足が、ブサン郡も含め僻地に住む住民には大きな悩みとなっている。

ブサン郡の住民数は約五千人で、その七〇パーセントが自給自足的な米作を行う先住民ダヤク人である(写真6-1・6-2)。九〇年代からカカオなどの現金作物栽培も普及しているが、現金収入源は少ない。ブサン郡の六つの村のうち、二〇〇七年から進出してきたアブラヤシ企業の操業区域とされた五つの村のうちA村とD村、そして二〇一一年に進出してきた紙パルプ植林企業の操業区域とされたF村を事例とし、住民からの同意を得る経緯を見てみたい。なお、イスラームを信仰しないボルネオ島の先住民を総じてダヤク人と呼んでいるが、この中にはさまざまな民族が存在する。このうち、A村はもともとダヤク・モダン人の村だが、ここ数十年の間に下流から移

写真6-1・6-2
ダヤク人は天水に頼る焼畑による米作が主な生業
上：シーズンの最初に畑を焼いたところ（2015年8月，F村）
下：稲刈りの様子．ほとんど機械に頼らない（2017年2月，F村）
撮影：筆者

住してきたマレー系のクタイ人やスラウェシ島出身のブギス人も村の中に集落を形成して居住しており、A村の人口の約半分を占めるに至っている。D村とF村は大多数の住民がダヤク・クニャー人である。

◈アブラヤシ農園企業の進出をめぐって――A村とD村の例

大規模アブラヤシ農園企業ハンパラン・プルカサ・マンディリ(HPM：Hamparan Perkasa Mandiri)社とスブール・アバディ・ワナ・アグン(SAWA：Subur Abadi Wana Agung)社が政府の操業許可を得て進出してきたのは二〇〇七年のことだ。二社が許可を得た操業地は二万四千ヘクタールである(この二つの会社はもともと一つの会社だが、一つの会社が操業許可を得られる面積は二万ヘクタールまでなので、二つの会社に分かれている)。操業許可区域に含まれる五つの村の住民は、収用される農地に対して補償金、そして住民に分譲されるアブラヤシ農園から定期的に高額の配当金がもらえるなどと説明され、農園進出への同意を求められた。県知事と郡長も強力に農園進出に同意するよう説得した。結論からいうと、A村は同意せず、残りの四つの村は同意をした。すべての村で、村長や慣習長といったリーダーたちが決定に重要な役割を果たした。

地域の慣習法では、森林を切りひらいて畑をつくればその土地は個人所有として認められるが、森林をひらくのは重労働なので、ひらくことができる面積は限られてきた。しかし、企業進出が補償金を伴うことが知られるようになって、資金的に余裕のある村人は人を雇って畑を広げるようになった。また、それまで慣習法でひらくことが禁じられていた森林地域が個人の畑に転換される事例も生じ、資源利用に関する地域の慣習法が機能しない場面も増えてきた。HPM社とSAWA社進出のニュースを聞いた多くの住民たちは、村として同意をする前だったのだが、補償金のため、できるだけ森林をひらいて畑をつくり所有地を増やそうとした。住民はバイクをローンで手に入れ道路沿いに畑をひらいたり、活動を伴わない農民協同組合を設立して組合の土地を県政府に登録したりした(協同組合の場合、森林を実際に畑にしていない土地でも、登録すれば組合の所有地として認められた)。実は農園企業が引き起こすかもしれない環境破壊や農地不足に不安を持つ住民たちも多かったのだが、政府の操業許可はすでに出ており、A村を除く四つの村のリーダーたちは同意に好意的だった。そのため、住民には「企業進出は拒否できない」という見方が多かった。どうせ拒否できないのなら、現金収入を得る手段が少なく子どもの学費捻出に日々悩んでいる住民たちにとって、補償金をできるだけ多くもらうために森林をひらくことは現実的な行動だった。

しかし、土地への補償金は最初しか入らないし、企業が入ってきたあとに住民がもらった配当金は約束されていた額の三分の一から五分の一とずっと少なかった(少ない理由は、企業が土地所有者への補償金の問題で手間取り、住民に分譲するアブラヤシ農園用の土地の収用が遅れたことが主な原因だった)。農園が進出したあとの環境評価は行われていないので直接の因果関係は証明できないが、川の汚れや水不足などの環境破壊も感じられるようになっている。進出から一〇年後の二〇一六年一〇月から二〇一七年二月にかけて、アブラヤシ農園企業を受け入れたD村で七〇名の村人にアブラヤシ農園のこれまでの影響について尋ねたところ、「良い」と答えたのはわずか三名にすぎず、「悪い」は三六名だった(「良い面と悪い面がある」は一四名、「わからない」「その他」が一七名)。「悪い」と答えた理

写真6-3　搾油工場へ向かうアブラヤシの実を積んだトラック（2015年，ブサン郡）
撮影：筆者

由は、分譲農園地からの配当金が少ないこと、農園で住民に開かれている雇用機会が限られていること、耕作地の減少、環境破壊などであった。

一方、A村は五つの村の中で唯一、アブラヤシ農園企業の進出に同意せず、NGOと協力して住民による地域の森林管理を行おうとした。インドネシアでは住民参加型の社会林業制度として、村の慣習的森林地を「村落林」として登録する制度が一九九九年に創設されている（本書第八章参照）。A村のダヤク・モダン人のリーダーたちは、NGOと協力して四万ヘクタールの慣習的森林地を村落林として登録しようとしていた。しかし手続きを進めていたところ、二〇一一年、村落林に登録予定の森林地の大部分に、林業省（現在の環境林業省）が紙パルプ用植林企業プルマタ・ボルネオ・アバディ（PBA：Permata Borneo Abadi）社に操業許可を出したので、村落林として登録できた面積は約七〇〇ヘクタールと大幅に減少した。また、A村は一番下流にあるため、アブラヤシ農園の操業が主な要因と思われる河川の汚染や水不足の影響を最も深刻に受けている。アブラヤシ企業進出から一〇年を経て、同意したほかの村はアブラヤシ農園企業から補償金を得たり、分譲農園地からわずかだが定期的な配当金があるが、A村住民は利益が一切得られない。そのため、A村のダヤク・モダン人の間で慣習的リーダーへの住民の不満が募り、従来のリーダーシップが弱体化している。このように、同意しなかったA村もアブラヤシ企業進出による地域社会の混乱や環境破壊を免れていない。

◈紙パルプ企業の進出をめぐって――F村の例

F村はブサン郡で唯一、アブラヤシ農園の進出区域に入らなかった。理由は、F村全域が環境林業省の管轄である森林地域に指定されており、アブラヤシ農園企業が進出できないからだ。二〇一一年に紙パルプ用植林企業であるPBA社が操業許可を得た四万九二九七ヘクタールには、F村の領域が広く含まれていた。F村の村長はPBA社の進出に同意したが、慣習長をはじめ多くの住民たちが反対した。村長は政府の行政単位である村(desa)の長であり公的な選挙によって選ばれる。一方で、慣習長(kepala adat)は地方部族の伝統的な長であり、地域の慣習法をつかさどっている。F村で村長が多くの住民の反対にもかかわらずPBA社の進出に同意したのは、同社から個人的に金銭を受け取ったためといわれている。他方、反対派の理由は、慣習的森林が失われること、そしてアブラヤシ農園から得られる利益と比べ工業用植林から得られる利益が少ないことだった。アブラヤシ農園の場合、土地譲渡にあたり補償金が提供されるほか、分譲農園地からの定期的な配当金がある。一方で、PBA社はF村に対し、一戸あたり二ヘクタールの造林

写真6-4　収穫したカカオの実を干している様子（2017年, ブサン郡）
撮影：筆者

と、造林地木材の生産量に応じた報酬の支払いを提案したが、その利益ははるかに少ない。政府が定める土地の利用区分によって進出してくる企業が決まってしまい、住民には企業を選ぶ権利がないのだ。F村慣習長は、「住民の慣習的な森林への権利が損なわれる。カカオ生産（写真6－4）の方が住民に毎年利益が出る。金《きん》を採掘する川も植林会社のエリアになってしまう、森林がなくなると水もなくなる。良い会社なら少し土地を使わせてもよいが、植林会社はそうではない」と述べていた（二〇一八年八月）。村の中で村長による同意に対して抗議する意見は強い。しかし、行政的な長である村長を通じて住民からの「同意」を得たとして、PBA社が操業を開始することになると思われる。

また、PBA社はFSC認証に参加するため、コンサルタント会社に依頼して高保護価値（HCV）指定地域に関する調査を行った。その結果、PBA社が操業許可を得た四万九二九七ヘクタールのうち、一万八四九五ヘクタール（三七・五パーセント）を保護地区とすることが提案されている。実現すれば、保護地区は操業区域から除外され、企業による保護活動が行われる。保護地区とされれば、木材伐採や狩猟など住民の森林利用が制限されることになるが、住民に対して十分な説明が行われていない状況だ。また、保護地区指定が実現したとして、残りの六割以上もの森林地域は紙パルプ用植林に転換される可能性があり、これは消費者がＦＳＣ認証に対して抱く「森林保全に配慮した生産」のイメージとはかなり違うのではないかと思う。

4 「同意」は住民の自己決定権を保障するのか

東クタイ県ブサン郡の事例から、進出企業が住民との同意を得ることが現地にどのような影響を及ぼしているかを、ブサン郡の六つの村のうち、Ａ村、Ｄ村、Ｆ村の状況から見てきた。私たちの豊かで便利な消費生活は、農地をめぐる投資やグローバル化した製品の生産・流通ネットワークに支えられているが、その一方で環境破壊や土地収奪の問題が起きている。こうした問題に対して住民に自己決定権を持たせるため、投資が行われる前に住民から同意を得るという原則が考案され、少しずつだが広まってきた。これは、多くの消費者、ＮＧＯ、企業ができることを真剣に考えた結果であるだろう。しかし現地を見ると、住民同意の手続きを踏めば企業の生産活動によって住民が恩恵を受け、企業も利益が上がり、私たち先進国の消費者は豊かな消費生活を送れる、という期待は甘いことがわかる。

東クタイ県の例でみると、住民の中にはさまざまな意見があるが、決定にはリーダーが主導権

写真6-5　ダヤク・クニャー人の人びと．収穫祭の様子（2011年，F村）
撮影：筆者

を持ち、それがコミュニティの中の紛争に発展していることがある。また、企業が進出したあとに環境問題が生じたり、約束された配当金が実際には低かったなど、同意した時と異なる状況が生じて、住民側には騙されたという気持ちが起きていた。さらに、企業は住民の同意を得るために、それまで住民が金銭価値で測ってこなかった土地や資源利用を金銭で補償することになる。これに対して、住民たちは企業進出を予測して今までよりも広範囲の森林を畑として開拓し、個人所有地を増やす行動をとっており、補償金は地域の文化を変化させ、地域の土地や資源利用に関する慣習法の機能不全を引き起こしているといえる。そして、住民が同意しなかった場合でも、周囲の地域が同意して企業進出した場合には環境破壊の影響を免れない。

今まで述べてきたインドネシア東カリマンタン州のケースは、投資にあたって住民から事前の同意を取りつける試みという点で、ＦＰＩＣが地域住民に及ぼす影響を考えるうえで参考になる。ＦＰＩＣは住民から操業への同意を取りつける時、企業は住民に対して金銭、雇用、契約農園の提供などを申し出るため、住民の経済的な恩恵を促す可能性はある。また、どうせ投資を拒否できないのなら何かの利益を受けられる方が望ましいため、住民は現実的な判断から企業の進出を歓迎することもある。しかし地域の状況によっては、住民から同意を取りつけることが自己決定権の強化に結びつかないばかりか、前述のとおり予期していなかった環境破壊や地域社会の混乱を引き起こしていることも多い。FPICはあくまで一つの手段にすぎず、その手続きを踏めばあらゆる問題が解決する特効薬ではない。投資を行う前に同意を得たからといって、その後に社会や環境に与える影響をフォローしそのつど改善をはからなければ、発生している問題から目をそらし、かえって有害かもしれない。ケースごとに環境や住民の権利に関して長期的なモニタリングと検討を行うことが必要で、その手間に要するコストは製品価格に含める必要があるのではないだろうか。

註

(1) Franco [2014]は、FPICの Consent（同意）は Consultation（相談）にすぎないという批判を紹介している。例えば、米国はオバマ政権下で先住民の権利に関する国際連合宣言を支持する政策へ転換したが、以下の国務省(U.S. Department of State)の文章は右記の批判の対象となる根拠を提供している。「合衆国はそれ〔先住民の権利に関する国際連合宣言のFPIC規定〕を部族リーダーたちへ意味のある相談を呼びかけることと理解しており、……リーダーたちとの合意を必ずしも意味しないと理解している」。一方で、Colchester [2010]は、各国の法令でFPICが十分に尊重されていないことなど、多くの障害がFPICの適切な実施を妨げていることを問題視し、FPICのより良い実施の必要を強調している。

コラムD

環境・社会リスクの高い熱帯木材の利用をなくすために

■三柴淳一

熱帯林は、地球上のそこでしか見られない生物種（いわゆる固有種）がきわめて多く生息し、「豊かな生物多様性」の代名詞となっている。また、熱帯林は、医薬品等の開発に有効な多様な遺伝資源や、気候変動・地球温暖化の影響の調整・緩和装置として、私たちに多くの恩恵をもたらしている。このように、熱帯林は人類共通の貴重な資産であると同時に、その周辺に居住する地域の人びとにとっては、食糧を含むさまざまな資源をもたらし、農業など生業の場を提供するものであり、暮らしを支える資産でもある。

世界的にみると持続的な森林経営が確立されている地域は少なくないが、本コラムで取り上げるマレーシアのサラワク州のように、森林の用途転換（森林を農地やその他の開発用地に変えること）を伴っていたり、先住民族や地域住民等が慣習的に利用してきた土地において、「自由意思による、事前の、十分な情報に基づく同意（FPIC）」がとられていなかったりするなど、環境にも地域社会にも悪影響を与えるような森林伐採が依然として熱帯林において続いている。私たちが熱帯木材を利用するということは、こうした悪影響を及ぼすことに、間接的であれ加担する可能性があるということをまず意識する必要がある。

本コラムでは、こうした可能性を「環境・社会リスク」と呼ぶ。そして、熱帯木材の中でも、日本が世界最大規模の市場となっている熱帯合板に焦点を当て、日本の木材利用に伴う環境・社会リスクへの対応にどのような問題があるのか、そして、今後何が必要なのかを述べてみたい。

熱帯木材を利用することの環境・社会リスク

合板とは、丸太を「かつら剝き」の要領で薄く剝いてつくった単板（ベニア）を複数枚重ね合わせたもので、日本における熱帯木材の主要な用途がこの製品である。主に家具材、内装工事で用いる床や壁材、そしてコンクリートの型枠[1]として用いられている。一九九〇年代前半をピークに、熱帯合板輸入量は減っていったものの、建設現場における熱帯合板への依存度は依然として高い。二〇一五年度に使用された型枠用合板総量のうち、九三パーセントは熱帯合板であるといわれている。

日本で用いられている型枠用熱帯合板の多くはマレーシアのサラワク州で生産されたものだ。同州では、汚職や腐敗の蔓延により森林ガバナンスが脆弱であり、木材生産を規制する森林規則などが存在してはいるものの不正行為が常態化しているといわれている。また、森に依存して暮らす先住民族の土地に対する権利が認められてはいるものの、森林規則などとの整合性に欠け、十分に保障されていないために木材伐採企業による先住民族の土地権の侵害が起きている。

このようにサラワク州で生産される木材は、環境・社会リスクがきわめて高いと考えられるが、日本は同州から合板を輸入し続けている（例えば、二〇一六年にサラワク州から輸出された合板の五六パーセントは日本が輸入したものだった）。

日本における違法伐採対策

こうした木材利用に伴う環境・社会リスクに対して、日本政府はこれまでどのように対応してきたのだろうか。

環境・社会リスクの高い木材が市場で流通している問題は、生産国が対処すべきだと考える向きもある。しかし、生産国の中には木材生産を規制する法規がありながら、先述したサラワク州のようにガバナンスが脆弱であるためにそれが守られない場合があるため、生産国のみならず、消費国が積極的にこの問題に取り組んでいく必要があった。このことは一九九七年以降のＧ８サミット（主要八か国首脳会議）で繰り返し確認され、ヨーロッパ諸国をはじめ世界の木材消費国でその対策が本格化していった。

こうした流れのなかで、日本も二〇〇五年七月のG8サミットにおいて、環境・社会リスクの高い違法に伐採された木材の対策に取り組むことを表明。翌年四月に、「国等による環境物品等の調達の推進等に関する法律（通称、グリーン購入法）」（環境負荷低減に資する製品・サービスの調達を公的機関が率先して行うことを促すために二〇〇〇年に制定された法律）を活用する形で、国等に対して調達する木材・木材製品の合法性確認の義務化と持続可能性への配慮を規定した。政府調達に携わる事業者に対しては、木材・木材製品の合法性を証明する方法として、森林認証制度や団体認定制度を活用していくこととされた。なお、団体認定制度とは、中小事業者が多くを占める木材業界では証明にかかるコスト負担が敬遠されがちであることを踏まえ、事業者が合法性が証明された木材・木材製品を適切に供給することができるかどうかを業界団体が認定する制度である。

しかし、この制度は合法木材の利用推進を奨励するものの、合法性の疑わしい木材を調達することを禁じたり、それに違反した場合に罰則を科したりするなど、違法木材取引を規制するものではなかった。そのため、違法木材・木材製品の使用をなくすことにどれだけ効果があるのか、国内外の環境NGOなどから懸念の声が上がっていた。

そうした声を背景に二〇一七年に施行されたのが、「合法伐採木材等の流通及び利用の促進に関する法律（通称、クリーンウッド法）」である。この法律では、全事業者に合法性が確認された木材を使用する努力義務を課している。また、木材を取り扱う事業者には、事業者登録を推奨し、登録した事業者には合法性の確認等を義務づけている。しかし、目立った罰則がなく強制力に欠け、その効果について疑問視する声も少なくない。さらに、生産国の法規制が持続可能な森林管理や先住民族の人権を保障する内容になっていない場合、たとえ「合法性」が証明されたとしても、それが環境・社会リスクのない木材・木材製品であるとは限らないという問題もある。

東京オリ・パラ大会関連施設の建設をめぐる問題

その問題が顕在化したのが、二〇二〇年に開催予定だった東京オリンピック・パラリンピック大会の関連施設の建設だ。大会開催のための施設の建設現場では、従来どおりコンクリート型枠用合板に熱帯合板が使用された［FoE ジャパン 2017 参照］。同大会のビジョンでは「世界にポジティブな改革をもたらす大会」を謳っている。しかし、熱帯林の破壊や人権侵害に加担しない木材利用の実現という点では、「改革」をもたらすものではなかった。というのも、三〇年以上にもわたり森林伐採による環境や地域社会への悪影響が問題視されているマレーシア・サラワク州で伐出された木材で製造された、環境・社会リスクが十分に払拭できない熱帯合板が、大会施設の建設に使用されたからである。

環境・社会リスクの高い熱帯木材の利用をなくすために

以上述べてきたように、日本の木材調達における環境・社会リスクへの対応は十分とは言えない。今後、実効性の高い法制度の整備や運用が求められるが、それを待たずに、熱帯木材製品を製造、流通、販売する企業がすべきことはいくらでもある。

企業はその影響力の大きさから、環境・社会リスクが疑われる木材製品の取り扱いを止める社会的責任を負っている。熱帯木材を使うことが環境や地域社会に対して与える負の影響に対して入念な情報収集を行い、熱帯林破壊や人権侵害に加担してしまう危険性がどの程度あるのかを特定し、その危険性を無視できるレベルにまでなくす措置をとること、すなわち「デューディリジェンス（企業が当然払うべき注意義務）」を実施し、また、そうした取り組みに関する十分な説明責任を果たすことが企業には求められる。

しかし、現状では企業の熱帯木材調達における環境や地域社会への配慮の意識は低い。企業の中には、「輸出入にかかる必要な手続きを経て日本国内に入ってきた木材だからすべて合法であり、合法なのだから問題がない」といった認識がいまだ根強い。まずはこの認識を変えていかなければならない。出発点として、熱帯木材を取り扱うあらゆる企業に求めたいのは、環境・社会リスクのある木材を使わないという明確な意思表明だ。市民社会はもちろん、熱帯木材を取り扱うあらゆる企業が「意思表明をしない企業は現状を追認しているのと同じだ」という厳しい目でビジネスを評価し、環境・社会リスク材の利用を許さない社会を構想することが必要である。

註――(1) コンクリートの型枠とは、コンクリートの基礎や柱や壁などをつくる際に、生のコンクリートを流し込む枠のことである。

IV

土地支配の強化のなかで

生きる営みが「違法」とされていく人びと

2016年9月，ジャカルタの環境林業省の前で
「丸紅を追い出せ，MHP社の事業許可を取り消せ!」と抗議する元C集落住民
（インドネシア環境フォーラム・南スマトラが撮影した写真を，
笹岡正俊が南スマトラ州にて2019年に撮影）

第七章

人びとはなぜ「不法占拠者」になったのか

強制排除された人びとの生活再建に対する社会的責任

■笹岡正俊

1　はじめに

生物多様性保全や気候変動緩和の必要性が叫ばれるなか、紙パルプ業界でも企業の社会的責任（CSR：Corporate Social Responsibility）の一環として、産業造林企業が自身のコンセッションエリア（企業が事業許可を得ている土地のこと。以下、事業地）において十分な環境保全策を講じることが求められるようになってきた。

例えば、インドネシアの現行法では、産業造林企業は事業地の少なくとも一〇パーセントを保全目的で管理しなくてはならないことになっている（二〇一五年第一二号環境林業大臣規則、P. 12/Menlhk-II/2015）。こうした事業地内に設定された保全区域を適正に管理できなければ、森林認証の取得や更新に失敗し、それが紙製品の市場シェアの低下を招くといった具合に企業経営にも深刻な影響を及ぼしかねない状況が生まれている。

このことは取りも直さず、事業地内の保全区域に入って違法に耕作したり、居住したりしている人びとを排除しようとする動因を企業に与えている。「自然を守る」ために保護地域を設定し、人びとの土地・資源利用を排除するということはこれまでもあったが、従来、それを行ってきたのは国であった。しかし、近年は企業が「自然を守る」という公共的な課題を遂行するために、人びとを排除する新しい事態が生まれているのである。

2 南スマトラ州で起きた強制排除事件

実際、南スマトラ州では、紙パルプ原木生産のための産業造林事業を行っている「ムシ・フタン・ペルサダ社(PT. Musi Hutan Persada)」(以下、M社)が、同社の事業地内の保全区域に「不法」に居住していた人びとを強制的に立ち退かせる事件が起きている。

この強制排除事件が起きたのは、南スマトラ州ムシ・ラワス県の東の端に位置するチャワン(Cawang)と呼ばれるM社の事業地内にある土地である(図7-1参照)。チャワンは絶滅の恐れがあるスマトラゾウ(*Elephas maximus* ssp. sumatranus)が季節的に移動するルート上に位置している。そのため、M社の事業計画において保全区域に指定されている。

チャワンでは一九九〇年代半ばに起きた大規模な火災の影響で、草地の中に天然木が点在する

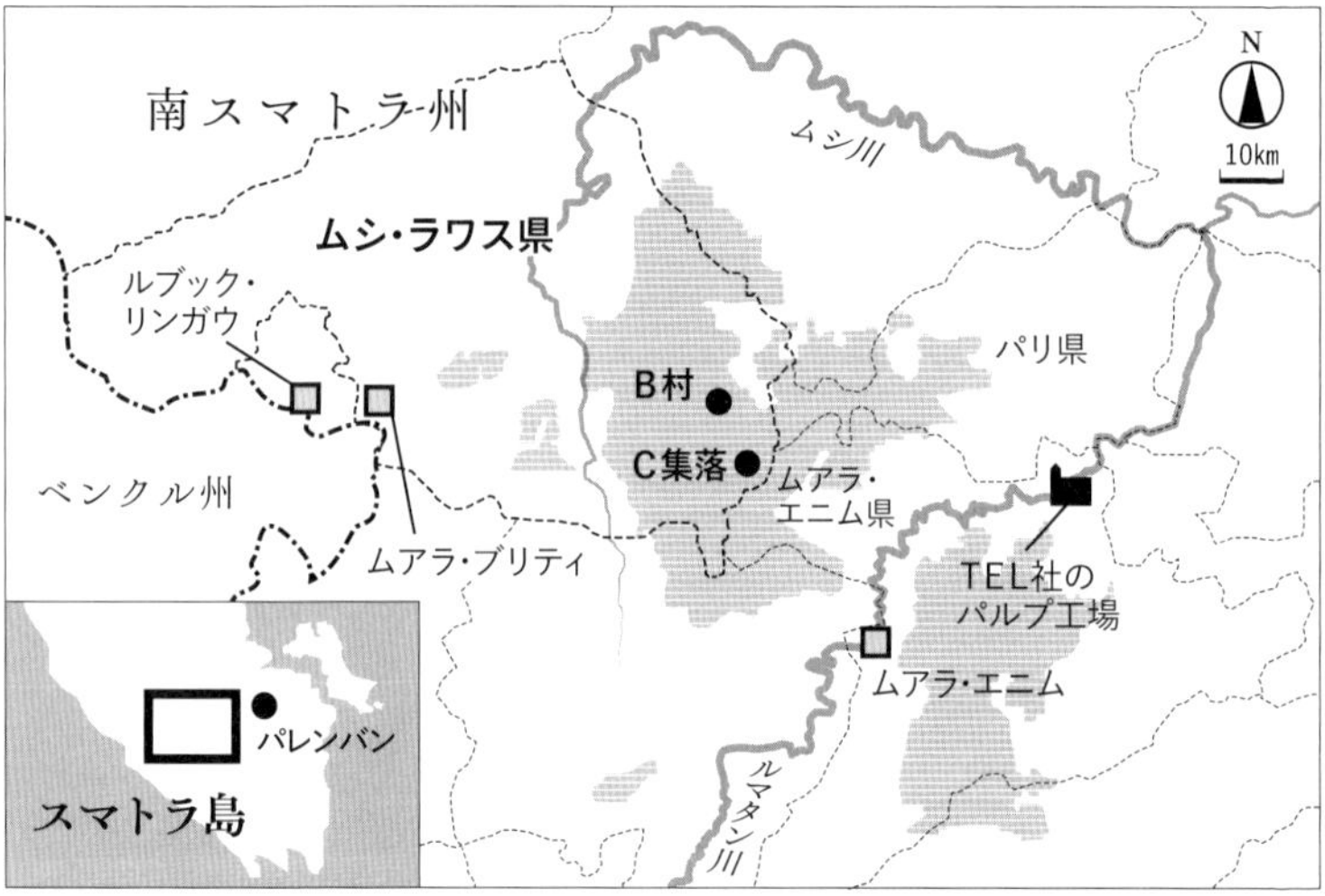

図7-1　M社の事業地とC集落

出所：SK No.866/Menhut-II/2014 をもとに
インドネシア環境フォーラム・南スマトラが作成した地図，
“Peta Sebaran Konsesi PT. Musi Hutan Persada”（未公刊資料），
Peta Tematik Indonesia が作成した地図，
“Peta Administrasi Provinsi Sumatera Selatan”，
および，筆者がGPSを用いて収集した
B村とC集落の位置データをもとに，筆者作成．

ような植生が広がっていた。そこに、二〇一〇年頃から多くの人びとが農地をひらき、居を構えて住み始めた。そして、最終的には人口約九〇〇人の集落がつくられた。その集落は、その土地「草分け」の名前を冠して「チャワン・グミリール（Cawang Gumilir）集落」（以下、C集落）と呼ばれている。

　後述するように、C集落住民の「不法占拠」はしばらく放置されていたが、二〇一五年に住民の農地の一部が、そして二〇一六年にすべての農地と家屋が、治安部隊（警察官および国軍兵士）の庇護のもと、県政府職員とM社によって完全に破壊された。[1] この強制措置に先立って、住民と十分な話し合いの場が持たれることも、適切な代替措置が講じられることもなかった。

C集落住民は、M社が事業許可を取ったずっと後に事業地にやって来て、無断で居住し、耕作を始めた人びとである。その意味で彼らはまぎれもない「不法占拠者」であった。しかも、集落がつくられた場所は、スマトラゾウの保全のために重要な事業地保全区域内の土地であった。そうした違法性や希少種への負の影響だけを見ていくと、強制排除はやむを得ないものであり、それによって住む場所と生計手段を失った人びとの生活再建は、法を逸脱した彼らが自助努力で行うべきである、ということになろう。事実、筆者が行った元県林業局職員や県職員への聞き取りでは、そのような「語り」を幾度か聞いた。

しかし、この事件について現地調査を重ねるなかで、C集落住民の「不法占拠」を個人の責任にのみ帰するこうした言説に筆者は違和感を抱くようになった。というのも、この「不法占拠」の問題を理解するためには、それを生み出した背景にある社会的要因(背景要因)を無視することができないからである。

本章では、こうした不法占拠状態を生み出した背景要因を明らかにすることを通じて、「不法占拠者」とされた人びとが、規則に従うことのできない「法の逸脱者」というよりも、自らの責任の及ばない「社会的なもの」によって、期せずして「不法占拠者になってしまった人びと」であることを描く。そのうえで、誰の責任のもとで、強制排除された人びとのいかなる生活再建の道が模索されるべきかについて論じる。そして最後に、「不法占拠者」と企業との土地紛争の問題をみていくうえで重要になってくる視点を提示したい。

まずは、C集落があった南スマトラ州ブナカット地区の産業造林の歴史からみていくことにしよう。

3　南スマトラ州の産業造林の歴史

◈日本のODAと南スマトラの産業造林事業

この地域の産業造林は日本の政府開発援助(ODA)との関わりが深い。その歴史は、旧国際協力事業団(JICA、現国際協力機構)が約四〇年前に行った国際協力にさかのぼる[安部 2001]。

インドネシアの林業総局長の要請に応える形で、一九七九年、南スマトラ州ブナカット地区で、JICAの「南スマトラ森林造成技術協力計画」が開始された。試験植林地を造成し、造林に適した樹種を選定するこの技術協力の成果は、ムシ川とルマタン川流域で一九九〇年に始まる産業造林事業(ムシパルプ事業)に引き継がれた。

この産業造林事業は当初、インドネシアの華人財閥「バリトー・パシフィック・グループ」の子会社「エニム・ムシ・レスタリ社(PT. Enim Musi Lestari)」の単独事業だったが、一九九一年、同社と産業造林公社が合併し、M社が設立された。以後、今日に至るまで同社が事業を営んでいる。

操業開始当時に取得していた事業許可はその後改訂され、現在のM社の事業の法的根拠になっ

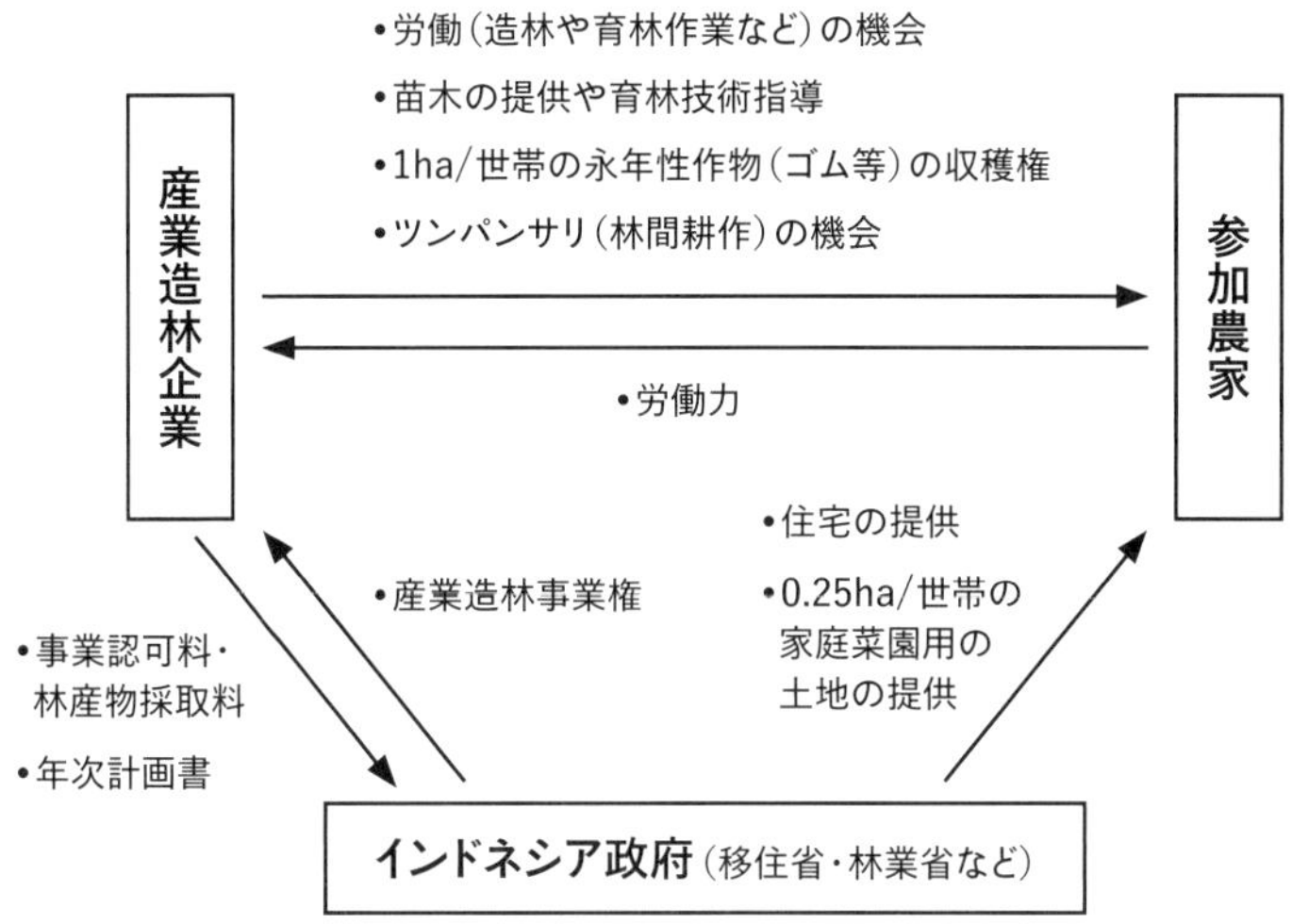

図7-2　産業造林型移住事業の仕組みの概要

出所：横田・井上［1996］を参考にして筆者作成.

ているのは林業省（当時）が一九九六年に発給した事業許可である。それによると、その事業面積は約二九万六四〇〇ヘクタールにのぼる。これは東京都の約一・四倍にあたる広大な土地だ(2)。

かねてから日本の総合商社である丸紅株式会社（以下、丸紅）は、南スマトラ州の産業造林事業の経営権取得を目指していた。丸紅は二〇〇五年にM社への出資比率を六〇パーセント（間接出資分を含む）に高め、二〇一五年三月にはM社の株式を一〇〇パーセント手に入れてこれを完全子会社化した。したがって、C集落住民の強制排除に関してM社が負うべき責任は、親会社である丸紅が負う関係にある。

◇産業造林型移住事業

さて、南スマトラ州でM社が行った産

業造林事業を理解するうえで押さえておかなくてはならないのは、「産業造林型移住事業（Trans HTI）」である。これは、ジャワなど人口稠密な地域および事業地周辺地域から、事業地内に新たに造成される村に希望者を移り住ませる「移住事業」と、パルプ原木生産のための「造林事業」とを組み合わせた、移住省（当時）を主務省庁とする国の事業だ。「参加者の所得向上」とともに、「産業造林労働者の確保」を目的とするものである。南スマトラ州では一九九二年に始められた。

M社の産業造林事業の一部はこの事業によって行われた。産業造林型移住事業の参加者には、一家族あたり、一棟の家屋と家庭菜園用の〇・二五ヘクタールの土地、そして一ヘクタールの土地に対する林産物採取権（M社の場合、ゴムの樹液採取権）が提供された（図7-2）。南スマトラ州では一九九四年までに一四の移住村がつくられ、四五二三世帯が入植した［横田・井上 1996］。

なお、この産業造林型移住事業は、その約二〇年後に起きるC集落住民による不法占拠の一つの伏線となっている。これについては後述する。

4 「不法占拠者」集落はどのように形成されたか

M社が事業許可を得る前、チャワンでは複数の木材伐採企業が商業伐採を行っていた。一九七〇年代頃から伐採企業の物資の運搬労働者として働いていた男性G氏は、伐採企業が操業を止めた後もそこに小さな畑をつくって暮らし続けた。そして、おそらく二〇〇七年頃、近隣村やランプン州などからこの地域に入植してくる者が現れ始めた。彼らはスマトラ島の伝統に則って、その土地の「草分け」であるG氏に許可を得て、畑をひらいた。

その後、二〇一〇年頃からチャワンに入植する人たちが徐々に増え始めた。この時期の入植者数について正確なことはわからないが、当時入植した人びとに対する聞き取りによると、彼らの少なくない部分を、チャワンの北にあるブミマクムル村（以下、B村）の住民が占めていた。B村は産業造林型移住事業の一環で一九九二年から一九九三年にかけて建設された移住村である。

この時期、チャワンに「不法」に農地をひらいたB村住民は、①産業造林型移住事業に参加したB村住民（以下、参加農家）、②村の建設当初からの参加農家ではないが、B村を離れる参加農家から家屋やゴム採取権を購入し、B村に居住することになった移住者（以下、現地での言い方に倣って代替農家）、そして、③彼らの息子世代（参加農家や代替農家の第二世代）であった。

彼らはC集落に通いながら、ゴム園の造成やキャッサバ栽培などをした。彼らの多くは経済的に余裕がなく、M社の造林・保育労働者として働いたり、ゴムの樹液採取労働に従事したりするのに忙しく、C集落に通えなくなる者もいた。また、十数キロの距離があるB村とチャワンとのバイクでの往復に必要な燃料費を負担に感じる者もいた。そのため、彼らの中には、C集落への入植を希望する他所からの移住者に対して、これまで土地に対してつぎ込んだ労力（叢林の伐採や整地のための労働）への「対価」としていくらかの金銭を受け取るかわりにその土地の権利を移譲した者も少なくなかったという。

このように、B村住民が造成したゴム園やキャッサバ畑を移譲してもらった人びとに加えて、新たに土地を開墾する移住者の流入も続いた。彼らの多くが元居た場所に農地を持たないか、持っていてもわずかばかりの土地で、農業労働者やその他の日雇い労働者として働いたり、出稼ぎに出たりして、生計を立てていた土地なしもしくは零細農家である。彼らのほとんどが、出身地にあった家屋やなけなしの農地を売り払って移住してきた人たちであった。

こうした移住者の流入が続くなか、遅くとも二〇一一年までに、新たに移住してくる者から「開墾・境界画定手数料」を徴収する「委員会」が組織された。同委員会は入植希望者に対し、一家族につき二ヘクタールを配分し、彼らから五〇万ルピア（約三九八〇円）の手数料を徴収した。なお、この手数料は、境界画定を行うために現場で境界線に沿って森を刈り払う作業を行った者への謝金（当時一人あたり約七万ルピア）の支払いと、イスラーム礼拝所や学校など集落の公共施設の建設費用に充てられた。

居住者が増えるなか、C集落ではいくつかの住民組織がつくられ、集落の代表も選出された。二〇一二年には集落代表らが、住民証明書の発行など行政サービスを受けるために、C集落を正式な行政村として認めてもらうよう県政府に働きかけている。これに応える形で、県政府はC集落を新たな行政村として承認するための動きを見せた。(3) 県政府が新しい村の建設に向けて積極的な姿勢を示していたことから、C集落の誰もが、自分たちが建設してきたムラがやがて正式な行政村になることを信じて疑わなかった。

5　強制排除とその後

◈更地になった集落

しかし、経緯の詳細は不明だが、二〇一五年のある時期より、C集落が違法につくられたムラであることが県林業局によって問題視されるようになった。そして同年七月、県林業局、治安部隊（地方警察および地方軍管区）、M社職員によって、C集落住民の農地の一部が取り壊されるのである。

この強制措置がとられた直後、環境林業省・持続的生産林管理総局長がM社代表取締役に対して、紛争解決に向けて抑圧的な手段をとらないことを要請した。また、環境林業大臣も、南スマトラ州知事およびムシ・ラワス県知事にM社によるC集落の強制排除を止めさせ、対話に向けた努力を払うよう求めた。それらのことが背景にあったのかどうかは不明だが、農地を破壊する行為は約一〇日で止められた。

それから約八か月後（二〇一六年三月）、再び、県林業局、治安部隊、M社からなる一団が、C集落住民のキャッサバや陸稲の植えられた畑やゴム園を重機で更地にした後、約二〇〇戸の全民家、および、イスラーム礼拝所を除く集落の公共施設を完全に破壊もしくは撤去した（写真7−1）。ここでいう公共施設には、C集落住民が現金を集めて建てた小学校や、政府（村・後進地域開発・移住省）

の支援により設置された太陽光発電施設が含まれている。この強制措置により、約九〇〇人の全住民が住む場所と生計手段を失った（写真7-2・7-3）。

この強制排除を、M社の親会社である丸紅はどのようにとらえているのか。筆者が送付した「質問状」に対する「回答」[4]の中で、丸紅パルプ部は、コンセッション保持者（事業許可取得者）の義務として不法占拠から土地を守らなくてはならないことから、不法占拠状態を政府に報告してきたと述べている。そして、不法占拠が始まって以来、M社は不法占拠者に元の居住地に戻るよう呼

写真7-1　強制排除により更地となったC集落跡地
（2016年8月，チャワン）
撮影：筆者

写真7-2　B村で避難生活を送るC集落住民
（2016年8月，ブミマクムル村）
撮影：筆者

写真7-3　強制排除後，C集落跡地に立てたテントで暮らす寡婦とその一人息子（2016年8月，チャワン）
撮影：筆者

びかけてきたにもかかわらず、「不法占拠状態が継続していたところ、政府の判断でアクションが起こされた」とその経緯について説明している［丸紅パルプ部 2018］。

たしかに、「政府の判断」によって強制排除が行われたという説明はそのとおりだが、そうした「政府の判断」の背後には、M社からの要請があったようだ。筆者が話を聞くことができたある県林業局の元職員は、「不法占拠者を（チャワンから外に）退去させるためにサポートしてほしい」との要請がM社から県林業局にあり、強制排除はその要請に基づいて行われたと証言した。

◈強制排除後の住民の暮らし

強制排除後、C集落住民はしばらくB村の集会所で避難生活を続けた。その後、一部の者はB村の空き家などに移り住み、その他の人たちは別の場所へ移り住んでいった。二〇一九年八月時点で、B村に残っていたのはわずか約二五家族である。

B村に残った元C集落住民の多くは、B村住民が保有するゴム園でゴム採取労働者として働いていた。強制排除後は、妻と五歳になる娘とともにB村に避難し、以来、そこで空き家を借りて暮らしているTさんもその一人だ(5)。聞き取りを行った二〇一八年三月、Tさん夫妻は、B村の住民から約二ヘクタールのゴム園でのゴム採取を請け負っていた。収穫したゴムはB村の仲買人に売り、収益を保有者と二分する。娘の将来のために貯金をしたいが、まったくできないと述べていた。また、ゴム採取の賃労働は精神的にもつらい仕事だと言う。雨が降ったり、体調を崩したりしてゴム採取ができず、保有者に手渡す売上金が通常よりも少ないことがあるが、そうした時

写真7-4　ゴムの樹液を滲出させるため，樹皮を削る作業を行うTさん（2018年3月，ブミマクムル村）
撮影：筆者

には「収益をごまかしているのではないか」と疑いの目を向けられているような気がすることがあるからだ。そして、ゴム園保有者に「明日から来なくていい」と言われれば、唯一の収入源を失う。そのことにいつも不安を感じているという（**写真7–4**）。

以上のほかにも、元C集落住民の中には、賃労働を求めて居住地を転々と変えなければならず、小学校に通えない子どもがいるという話や、現金収入が乏しく制服や靴を買ってもらえないため学校に通うことをやめた子どもたちがいるといった話を避難民から聞いた。「強制排除」はC集落住民のその後の人生に計り知れない影響を与えたのである。

6　不法占拠状態を生み出した背景要因

では、こうした強制排除のもとになった不法占拠状態はなぜ生まれたのだろうか。その背景には、土地を必要とする貧困者が多数存在する一方で、農業に適した生産的な土地の広大な面積が、植林企業によって囲い込まれていることがある。こうした、土地利用権の不平等な分配という根本的要因に加えて、このチャワンの事例に関していえば、不法占拠状態を生み出すことを促した次の二つの背景要因がある。すなわち、①産業造林型移住事業の制度的欠陥、および、②M社による不十分な事業地管理である。以下、これら二つの背景要因についてみていく。

◈産業造林型移住事業の制度的欠陥

先述のとおり、C集落形成初期に、B村の産業造林型移住事業参加農家や代替農家、そして彼らの息子世代がチャワンで耕作を始めた。それには次のような理由があった。

産業造林型移住事業の参加農家には、一家族あたり〇・二五ヘクタールの家庭菜園用の土地と、一ヘクタールのゴム園での樹液採取権が与えられた。B村における産業造林型移住事業の参加農家数は四〇〇家族とされ、建設当時の一九九三年にすでに四〇〇家族が暮らし始めた。その後、そこでの生活になじめない者も出てきて一九九六年までに約半数が他出したといわれているが、すべて代替農家と入れ替わっている。

参加農家が所有権・利用権を有するこれらの土地の面積は、移住村建設時に決められ、その後増やされることはなかった。B村の場合、四〇〇ヘクタールのゴム園が用意されたが、この面積はその後の人口の自然増にあわせて拡大されることはなかったのである。

B村住民がC集落への入植を始める二〇〇九年時点で、B村には七四三家族、一八九一人が居住していた[Badan Pusat Statistik Kabupaten Musi Rawas 2011]。村の建設当時と比べて、B村の家族数は倍近くに増えたことになる。村ができてから二〇〇九年までの約一六年の間に、新たに子どもを生んだ世帯も多かっただろうし、当然ながら子どもたちは大きく成長した。そうした子ども世代の将来を考えて、彼らが言うところの「眠った土地」、すなわち、国によっても企業によっても利用されていない土地への入植を考えた世帯も少なくなかった。また、移住当時に子どもだった者が後にB村で結婚し、村から出ることなく親世帯から独立して生活を始めるケースもあった。彼らも生きていくために、そして彼らの子どもたちの将来のために、新たな耕作地が必要だった。

そうした理由から、C集落形成初期の二〇一〇年頃、B村の参加農家や代替農家、そして彼らの息子世代がチャワンでの耕作を始めた。筆者が確認できただけでも、そうした人たちが少なくとも一五家族はいた。全体でみると、それよりはるかに多くのB村住民がチャワンでの農地開墾を行ったはずである（B村住民によるチャワンへの入植の経緯については、笹岡［2020］を参照のこと）。

このような事態が生じたのは、産業造林型移住事業が、移住村の人口増によって土地を必要とする人びとが増えることを見越した制度設計になっていなかったからである。むろんこの制度は、参加農家が植林企業の労働者として働くことを前提としていた。しかし、その賃金水準は子どもの教育費を賄うのに十分ではなく、また、炎天下での厳しい労働に見合った賃金だとみなされていなかった。また、C集落住民はサブコントラクター（M社から伐採や保育作業を請け負う業者から さらに作業を請け負う孫請け業者）から雇用されることが多かったが、賃金が支払われないこともあった。そのため、多くの住民がM社の造林・保育労働者として働くことを望まなかった。そうして、新たな農地の獲得に乗り出したのである。以上述べたような産業造林型移住事業の制度上の欠陥を、チャワンの不法占拠状態を生み出した一要因として指摘することができる。

◈M社による不十分な事業地管理

丸紅パルプ部は先述の「質問状」への回答書の中で、不法占拠者に対して「再三、同地はコンセッション内の『保全区域』であり『住居区域』でないことを伝え、元の居住地(中略)に戻るよう求めて」きたと述べている[丸紅パルプ部 2018]。しかし、筆者が話を聞くことができた一八名のC集落住民のすべてが、強制排除の数か月前に県林業局長(当時)がC集落を訪問し、そこに居住したり、農地を耕作したりすることが違法であることを告げるまで、自分たちの集落が違法なものであるという認識を持っていなかった。

また、こんな話も聞いた。二〇一四年頃、C集落の各世帯が少しずつお金を出し合って、植林事業地にあるM社の現場事務所でグレーダーとローラー(道路をならし、固める重機)を借り、集落周辺の道路の拡幅と修繕を行った。この作業は一週間近く続き、重機を運転したのはM社で雇われている者だったという。この時もM社から立ち退きを促すよう言われたことは一切なかったという。

またB村村長によると、C集落住民の中には、M社の事業地で植林・保育の作業を行う労働者として働く者も少なくなかった。その際にも、雇用主からC集落が事業地の中に違法につくられた集落であることを問題にするような発言は一切なかった。ただし、住民はB村のサブコントラクターに雇われることがほとんどだったので、事業地管理に責任を負うM社の正規職員は、植林・保育作業に従事した労働者の中に「不法占拠者」がいることを把握できていなかったかもしれない。ただ、仮にそうであったとしても、事業地管理が不十分であったことは否めない。

さらに、M社は事業地の境界線を記した地図を事業地付近の村に配布したり、現場に境界線を示した地図を掲示したりするようなことはしてこなかった。そもそも、M社は事業地の境界線を記した地図を公開していない[6]。そのような状況のなかで、人びとはどこが事業地内の土地なのかを知ることが困難であった。

このように不法占拠者の流入を早い段階で食い止めるための「徹底した事業地管理」――対象地域が企業の事業地内の保全地区であることを明確に示したり、そこに耕作する人が現れ始めた段階で早期にそれを止めさせたりするための取り組み――をM社は行ってこなかった。このこともチャワンの不法占拠状態を生み出す背景要因の一つとして挙げることができる[7]。

7 強制排除された人びとの生活再建に対する社会的責任

C集落住民がチャワンで築き上げた生活の基盤は、二度の強制排除で完全に破壊された。現在も多くの元C集落住民が明確な将来設計が描けないまま、不安な避難生活を送っている。強制排除がC集落住民のその後の人生に与えた影響の大きさを考えると、一刻も早い生活再建が必要だ。

二〇二〇年現在、彼らの生活の立て直しのために、政府やM社(そして親会社の丸紅)からの支援はない。その背景には、法に逸脱した者が当然受けるべき報いであり、生活再建も彼ら自身の努力で行われるべきだとする考え方がおそらくある。

しかし、不法占拠状態を生み出した原因を不法占拠者の過ちだけに求めることはできない。チャワンにおける不法占拠状態を生み出した原因には、たしかに住民たちが当該土地の法的地位についてよく知らなかったことがあった。しかし、それだけではなかった。前節で述べたように、不法占拠状態を生み出した重要な背景要因として、事業開始から十数年後に必然的に土地不足を生み出す、制度設計上問題のある政府の産業造林型移住事業や、M社（およびその親会社の丸紅）による不十分な事業地管理があった[8]。

また、インドネシアでは、土地を耕すことさえできれば自らの力で暮らしを豊かにしていくことができるにもかかわらず、土地へのアクセスが認められていない数多くの土地なし農・零細農が存在する。その一方で、東京都の約一・四倍にも相当する広大な土地を排他的に利用する権利が一企業に付与されている。こうした不公正な権利配分のあり方（法の不正義）も産業造林地の不法占拠問題の背景要因の一つになっている。

これらのことに目を向けると、C集落住民は、法に背くことのリスクを承知のうえでそこで「不法占拠者」として生きることを自らの意思で主体的に選択した「法の逸脱者」というよりも、彼らの責任の及ばない社会的な要因によって「不法占拠者になってしまった人びと」とでも表現できる人たちである。そのことを踏まえると、「法に背くこと」＝「悪」という単純な認識を再考する必要があるのではないだろうか。

また、先に述べた不法占拠状態を生み出したことへの責任に加えて、土地紛争「解決」の手段として強制排除を選択したことに対する責任についても考える必要がある。事業地内の土地の管理について大きな権限が付与されているM社は、強制的な手段に頼らない土地紛争解決の道を探ることができる立場にあった（そのことは、第一回目の強制排除がなされた直後に、環境林業省の持続的生産林管理総局長がM社代表取締役に対して、紛争解決に向けて抑圧的な手段をとらないよう要請したことからもうかがえる［笹岡 2020］）。そうした立場にありながら、住民と十分な話し合いの場を持つことも、適切な代替措置を講じることもなく、強制的な手段を選んだことに問題はなかったのか。

M社の親会社である丸紅は「人権基本方針」を定め、それを自社のウェブサイト上で公開している［丸紅 n.d.］。そこで同社は、「人権を侵害しないこと、また、自らのビジネス活動において人権への負の影響が生じている事実が判明した場合は、是正に向けて適切な対応をとることで、人権尊重への責任を果たして」いくことを宣言している。なお、ここでいう「人権尊重への責任」は、国連が定めた「国際人権章典」（世界人権宣言および国際人権規約）などの人権に関わるすべての国際規範で定められているものに則るものと理解できる。(9)

国際人権規約の解釈によると、強制立ち退きは「不法占拠者」が一般的な公共性を損なうと立証された場合に、さまざまな手段を講じても、なおそれが必要と判断された時に行われる「最後の手段」だと考えられている［徳川 2010］。C集落住民の強制排除は、先述のとおり、取りうるさまざまな手段を講じた後にやむを得ず「最後の手段」として行われたものとはみなしがたい。M社／丸紅による強制排除は、国連人権規約の考え方に、ひいては、丸紅が定めた「人権基本方針」に反しているように思われる。(10)

以上を踏まえると、徹底した事業地管理を怠るとともに、適切な代替措置を講じることなく強制排除を県政府に要請したM社(そして親会社の丸紅)は、C集落住民に強いた受苦の軽減(生活再建)に対する「社会的責任」、すなわち法的責任を超えた責任を負うべきであると筆者は考える。また、事業開始から十数年後に住民たちの土地不足を生み出すという点で、制度的に問題のある産業造林型移住事業を進めた中央政府や、強制排除を行った県政府(県林業局など)も、そうした社会的責任の一端を負うべきであろう。

以上を前提にすると、まず基本的な方向性として、M社、丸紅、そして政府組織は、自らの責任において、C集落住民が望む方向で彼らの生活再建のあり方を模索する必要がある。

多くの元C集落住民は、チャワンに帰還しゾウと共存できる村の再建を望んでいる(二〇一八年四月、C集落住民五七名は、チャワンに帰還できたらゾウと共存する意思があることを述べた署名付きの文書を環境林業省に提出している)。一方、丸紅は、そこがゾウの生息地であり、保全区域を維持すべきとの意見が環境林業省内にあること、および、帰還後に住民とゾウとの衝突が想定されることから、C集落住民のチャワンへの帰還に否定的である[笹岡 2020]。

しかし、そもそも、C集落住民が帰還を希望している土地がゾウの保全上どの程度重要なのか、また、ゾウと住民との軋轢が回避不可能なのか否かを判断するに足る十分な生態学的知見は実のところまだない。筆者が南スマトラ州自然資源保全局で確認したところ、当該地域を利用するゾウの詳細な生態学的調査はまだ行われていないとのことであった。

したがって、まずは、生態学者の協力のもと、C集落住民が元居た場所に帰還し、ゾウと共存する集落を建設することが可能なのかを、M社／丸紅と政府組織の責任の下で検討することが求められよう。その過程では、C集落住民や住民支援を行ってきたインドネシア環境フォーラム・南スマトラのようなNGOとの情報の共有が不可欠である。そうした検討の結果、仮にチャワンへの帰還が難しいと判断された場合でも、政府とM社／丸紅の責任において、住民の納得のゆく代替地の提供[(11)]と生活基盤の整備が必要である。

8 おわりに——不法占拠者問題をとらえる視点

近年、生物多様性保全や気候変動緩和といったグローバルな価値の実現を目的とする事業において、私的セクターのアクター（私企業や環境NGO）が広大な土地に対する管理権を手にし、そうした土地の利用から人びとを排除する、「グリーングラッビング（green grabbing）」と呼ばれる現象が世界的にみられる［Fairhead et al. 2012］。こうした現象はインドネシアでも今後拡大する可能性がある。炭素の吸収源としての森林を保護することを主な目的とした「生態系回復事業権（IUPHHK-RE）」の発給がインドネシアでは二〇〇七年に始まった。この事業のコンセッションエリアでは、生物多様性保全や気候変動緩和という「公共的」な価値の実現を図る企業や環境NGOと、事業地を生活の場として利用している「不法占拠者」との間で、土地をめぐる紛争が激しくなってきていると指摘されている［例えば、Silalahi and Erwin 2015］。

インドネシアでは、二〇一三年時点で約二四六六万世帯の農家が二ヘクタールに満たない農地しか持っていない。そのうち、約一六二六万世帯は〇・五ヘクタールに満たない零細農家だ

[Badan Pusat Statistik 2018]。このことは、「人の手の加えられていない、誰も利用していない土地」であるかのように見える生態系回復事業地や産業造林事業地内保全区域に、今後も多くの人が土地を求めて入り込み、「不法占拠状態」を生み出す可能性があることを示唆している。

森林開発が行われる前からそこに暮らしていた地域住民と企業との土地紛争の問題は、熱帯林ガバナンスをめぐる議論の中でよく取り上げられてきた。しかし、企業が事業許可を取得した後に事業地内に入り込んできた「不法占拠者」が抱える土地問題については、これまであまり取り上げられてこなかった。先述のような変化が見込まれるなか、こうした「不法占拠者」の問題にどう向き合っていくべきか、今後、議論を重ねていくことが求められる。

その際に重要になってくるのは、住民の土地利用が不法か合法かという枠組みでとらえるのではない視点、「不法行為」=「不正義」という単純な枠組みでとらえるのではない視点である。C集落強制排除事件が示すように、必ずしも不法占拠=不正義といえない状況がある。そもそも、不法行為が生まれる背景には、法の不正義(土地利用権の不平等な配分を認める法制度の不正義)が存在している。これらのことを踏まえると、今後の議論で重要になってくるのは、不法占拠者が生み出される過程において、個人の責任を超えたいかなる社会的要因が背景にあったのか、そして、そこから導き出される正義に叶った土地紛争解決の道はどのようなものかを問う視点である。

註――――(1) この強制排除事件において、どのような組織・個人が破壊行為にどう関わったのかについてはいまだ不明な点が多い。しかし、ここで、M社によってC集落住民の農地と住居が破壊されたと明言したのは、強制排除事件後に発行された複数の政府文書にM社を破壊行為の主体とみなす表現が確認できたからである(詳しくは、笹岡[2020]を参照のこと)。

(2) M社が生産したパルプ原木は、南スマトラ州ムアラ・エニム県にある、タンジュン・エニム・レスタリ社(TEL社)が経営するパルプ工場に運ばれている。なお、このパルプ工場は、バリトー・パシフィック・グループ、旧海外経済協力基金(OECF)、丸紅、そしてスハルトの長女が出資して一九九七年に建設されたものである[安部 2001]。

(3) このことは、筆者が入手できた行政文書から確認できる。例えば、二〇一三年一月の県議会の会議録では、新しい行政村の設置に向けてC集落住民を支援するよう県政府に求める内容が記されている。また、二〇一三年二月に発行された県地方官房の通達に、C集落を新たな行政村とするにあたって必要な境界画定を行うよう命じる文言がみられる(詳細は、笹岡[2020]を参照のこと)。

(4) 「質問状」は丸紅株式会社パルプ部に対して二〇一八年七月二日に送付した。質問状はA4用紙五枚で四項目からなる。この質問状に対しては、A4用紙三枚からなる回答(二〇一八年一〇月一八日付)を受け取っている。

(5) Tさんはランプン州からやって来た移民である。移住前は同州にあるアブラヤシ農園で働いていた。農地は持っておらず、「食べていくことはできるが、貯蓄ができない生活」を送っていた。子どもたちの学費を稼ぐことのできる暮らしを求めて二〇一二年にチャワンに移住してきた。

(6) 公開されたとしても、その地図は事業地の一部の境界線が明記されていないものになるはずである。M社の事業の根拠になっている「一九九六年第三八号林業大臣決定」では、決定が出されてから二年以内に事業地の境界画定を行う(コンセッション発給対象地の中で住民が農地や居住地として使用している土地を特定し、事業地から外す)ことになっている。しかし、境界画定は現在も完了していない。丸紅パルプ部によると二〇一八年一〇月現在、境界線設置が行われているのは全体の約七五パーセントだという[丸紅パルプ部 2018]。

(7) 以上述べた二つの背景要因に加えて、C集落が公認された集落であるかのような印象を与えた県政府組織の対応を、不法占拠を促したもう一つの要因として指摘できるかもしれない(詳細は、笹岡[2020]を参照)。

(8) このことに関連して、B村の村長の次の言葉を紹介しておきたい。「M社がチャワンに人が住み始めたことを知らないはずがない。しかし、最初の段階で、人びとの居住を止めさせたり、新たな移住者の移住を食い止めたりする方策はとられなかった。むしろM社はC集落住民を日雇い労働者として働かせていた。なぜ、集落ができて四年も五年も経ってから破壊したのか。考えてみてほしい。例えば、ある人の家の庭に誰かが家を建てようとしたとする。彼は、まず家の基礎をつくり、壁をつくり、屋根をつけて家を完成させ、そこに住み始めた。そこでようやくその庭の所有者が出てきて、『そこを出ていけ、出ていかなければ、私がおまえの家を取り壊す』と言ったとしたらどう思うか? 今回の事件(筆者注:強制排除)はそれと同じことだ」(二〇一八年三月一六日に行ったB村村長への聞き取り)。

(9) 丸紅はウェブサイト上で、国連が定めた「国際人権章典」(世界人権宣言および国際人権規約)などの人権に関わるすべての国際規範を支持すると表明している。丸紅株式会社ウェブサイト(https://www.marubeni.com/jp/sustainability/social/human_rights/)を参照[最終アクセス:二〇二〇年七月五日]。

(10) 自ら定めたルールに反しているのではないかという問題に加えて、次の問題も指摘しておきたい。チャワンに人びとが「違法」に入植してから数年間、彼らの「違法」集落は放置されてきた。その間、人びとは土地に労働力と生産資材(苗や除草剤)を注ぎ込み、そこを生産的な農地に変えてきた。たとえ「違法」に取得されたものであるとはいえ、人びとの血と汗の賜物である農地の地上物(ゴムやキャッサバなど)は彼らの財産として認められるべきである。しかし、これを破壊したことに対する補償は何一つなされていない。

(11) 二〇一八年一月、M社は元C集落住民に代替地の提供を提案した。代替地として挙げられたのは、M社と係争中の土地を持つP集落であった。C集落住民は、将来、土地をめぐってP集落住民と争いが起きる恐れがあること、および、この土地が雨季によく浸水する土地であることからこの移転案に反対している。

第八章

カンパール半島における土地支配の強化と再生産される「違法伐採」

■原田 公

1 はじめに

セラプン(Serapung)村の「村落林」(本章第5節で後述)を視察させてほしいと許可を求めるために村長に会った時だった。周辺には今、トラが出没しているので近づかない方がいいと翻意を促された。「村のダトゥもそのように託宣《たくせん》を受けている。半島内の対岸で農作業を行っている村人たちもみな、島に引き上げている」と聞かされた。ダトゥ(Datuk)とは集落の慣習法をつかさどる年配者の呼称である。マレー系ムスリムの信仰世界では、トラに憑依した先祖がダトゥを通して生者と交信し、吉凶を伝えると信じられている[Banks 1982]。「村落林」訪問をあきらめ、リアウ州州都のプカンバルに戻ったちょうどその日にトラの密猟未遂のニュースが飛び込んできた。体重九〇キロの雌のスマトラトラが密猟者の仕掛けた罠にはまり身動きがとれずにいるところを、民間の生態系管理企業によって発見されたという（写真8-1）。通報を受けたリアウ州の天然資源保全センターが現場に駆けつけると、衰弱したトラの付近で、やはり密猟者の罠に脚を挟まれて叫び声を上げている男を見つけた。聞けば、先述の生態系管理企業のパトロールチームの一員という［Suryadi and Zamzami 2019］。場所はセラプン村の「村落林」の西側に近接する生態系保護のコンセッション（民間企業に運営権を付与した土地）の内部である。

写真8-1　天然資源保全センターの職員に救出されるトラ
出所：Suryadi and Zamzami［2019］

　ダトゥが受けた託宣は本当だったのだ。「村落林」の視察を見送る判断をしたことに胸をなで下ろした。それから二か月ほどしてプカンバルの友人からメッセージが届いた。所用で町を訪問した村長と再会する機会があったという。いわく、「村長は詫びていた。『あの時、君たちが森に入るのを思いとどまらせたのは、セラプン村の「村落林」で行われていた木材の伐出を外部の人間に見られたくなかったからだ』と」。住民によるインフォーマルな行為をトラの威を借りてまで隠蔽しようという、村をあげての工作だったのである。

　カンパール半島では政府や企業による生態系管理のほころびを嗤《わら》うかのような密猟や盗伐があとを絶たない。

住民たちが犯罪のリスクを背負いながら森林資源にインフォーマルな形でアクセスせざるを得ないことの背景には何があるのか。この拙論の目的はそうした疑問を明らかにすることにある。

政府ならびに政府から管理権を与えられた企業による森林の支配や管理は、木材をはじめとする森林資源を慣習的に利用してきた住民たちを社会的、経済的な周縁へと追いやろうとしている。ただし、それは剝き出しの暴力やあからさまな迫害によって行われるのではない。政府や企業は、国益を守るためのさまざまな法的な規制を用いて、あるいは、熱帯林保護という公儀を拠り所とする言説を喧伝させることで、「管理」や「保全」の「正しさ」を行使しようとしている。そこでは、住民による伐採を犯罪視するような社会的なまなざしがしだいに横溢するさまがつくり上げられ、自分たちの森を企業によって収奪された住民たちが味わう受苦といったローカルな文脈はますます捨象されている。

2 カンパール半島の泥炭湿地

スマトラ島のほぼ中央部、マラッカ海峡を臨む東岸の一角にカンパール半島と呼ばれる広大な泥炭湿地帯が分布する(二三一頁の図8-1参照)。六七万四二〇〇ヘクタールに及ぶ湿地帯は平均で深さが四・九~七メートルのドーム状泥炭層で覆われている[Hooijer et al. 2015]。

カンパール半島は従来、プランテーション開発には不向きと考えられていたが、二〇〇六年以降、二大紙パルプ企業、アジア・パルプ・アンド・ペーパー(APP:Asia Pulp and Paper)社とエイプリル(ＡＰＲＩＬ：Asia Pacific Resources International Limited)社が持つ木材原料の調達会社(以下、サプライヤー)が、相次いで政府から産業造林事業許可(ＨＴＩコンセッション：IUPHHK-HTI)の発効を受けた。これらの会社は湿地林の皆伐と巨大なカナル(運河)の掘削を通してパルプ原料に提供されるアカシア植林の造成地を広げてきた。二社のサプライヤー(原料を供給する植林企業)が持つ産業造林コンセッションの合計面積は二〇一四年時点で二九万四二二七ヘクタール、このうち六二パーセントにあたる一八万二六二五ヘクタールでアカシアの植林地が造成されている[Hooijer et al. 2015]。

熱帯の泥炭湿地では、樹木が枯死しても、つねに冠水した環境のもとで遺骸のまま堆積しているため、二酸化炭素の排出抑制がはかられると考えられている。二〇一一年以降、インドネシアの全土で森林開発の凍結措置「モラトリアム」が始まると、深い泥炭層を擁するカンパール半島では、産業造林企業によるアカシア植林開発に代わって、温室効果ガス削減による「環境保全」を謳う土地の囲い込みが露骨に行われるようになる。韓国とインドネシアの二国間の「ＲＥＤＤ＋(レッドプラス)プロジェクト」(第4節で後述)が一万四七二二ヘクタールの半島北部の泥炭湿地を対象に進められている[KORINDO 2019]。また、半島の中核ではエイプリル社が、「リアウ環境回復プロジェクト」(第4節で後述)という生態系を維持・管理する事業を行っている。事業地面積は実に一三万ヘクタールの規模に及ぶ[Restorasi Ekosistem Riau 2019]。

このように、カンパール半島の広大な泥炭湿地は、政府と企業による森林支配のショーケースとでも呼べそうな舞台を提供してきた。しかし、ここは地域の人びとが生計を営む場でもある。カンパール川南岸のテルク・メランティ(Teluk Meranti)やプラウ・ムダ(Pulau Muda)といったマレー系コミュニティの人口増加に伴い、一九九〇年代以降、半島側にも次第に農地がつくられるようになった。現在、カンパール半島では、本章で取り上げるセラプン村を含む九つの村に、あわせておよそ一万七千人が暮らしている［Restorasi Ekosistem Riau 2019］。この地域は交通の便が依然として悪く、半島北岸の地域では、道路が通じていない村もある。

中央政府による森林政策の歪みは、政治や経済の中枢から隔絶した僻遠の地に最も顕著に現れる。この点について、次節では企業が強大な政治力を背景に半島の森林支配を進めてきた経緯を些細にみていく。

3 企業の森林支配の「正当性」

エイプリル社は政府から産業造林コンセッションの発効を次々と受けて、カンパール半島でアカシア植林の造成地を広げていっていった。ただ、その発効のプロセスでは官民癒着によるさまざまな汚職の事実があったことが裁判を通して明らかにされている。

二〇〇八年、当時のプララワン県知事トゥンク・アズムン・ジャアファルは、合計で一二万ヘクタールの森林開発を許可する権限を、賄賂と引き換えに一五の木材サプライヤー企業に与えた。うち一三社はエイプリル社の系列下にある企業で、多くはカンパール半島で自然林の伐採とアカシアの植林事業を行っている。本来、県知事に森林の開発を許諾する権限はなく、この違法行為のために、同年一二月に県知事は懲役一一年の刑を受け、翌年収監された［矢野 2008; Eyes on the

Forest 2013]。また、シアック県知事（当時）のアーウィンも同様の罪を問われ、二〇一一年に四年の刑を受けている[Eyes on the Forest 2011]。さらに、インドネシアの汚職捜査機関である汚職撲滅委員会から告発を受けていた元リアウ州知事のルシル・ザイナルに対して、二〇一四年三月にプカンバル汚職法廷は一四年の禁錮刑の判決を下した。罪状の一つに、二〇〇一年から二〇〇六年にかけてエイプリル社傘下の九社を含む植林企業に対する伐採許可の違法な発効が挙げられている[EEPN 2015]。

州や県の複数の首長や政府役人を禁錮刑に追いやった一連の疑獄事件（政府高官の関与が疑われる大規模な贈収賄事件）だったが、贈賄側の木材サプライヤー企業と親会社のエイプリル社、また中央政府の森林行政官は、いずれも司直（裁判官・検察）の追及を受けることがなかった。コンセッションの剥奪はおろか、事業停止の処分さえ行われず、どのコンセッションエリアでもいまだに操業が続けられている[Eyes on the Forest 2012]。

法廷の裁きを受けることがなかったものの、カンパール半島の泥炭湿地林とそれを基盤とする住民の伝統的な生業にとって壊滅的といってもよい、開発をめぐる官民癒着の疑惑事件が二〇〇九年に発覚する。エイプリル社系列のサプライヤーとしては最大のコンセッションを持つ、リアウ・アンダラン・パルプ・アンド・ペーパー社（RAPP：PT. Riau Andalan Pulp & Paper）は、二〇〇九年林業大臣令第三二七号（327/Menhut-II/2009）によって、その産業造林コンセッションの総面積に一一・五万ヘクタールを追加し、リアウ州全体で三五万ヘクタールのアカシア植林の用地を管理するに至った。二〇〇九年一二月一四日付ウェブ版『コラン・テンポ』紙の記事は、インドネシア環境フォーラム・リアウ支部（WALHI Riau）とジカラハリ（Jikalahari）という二つの地元のＮＧＯ団体が、違法性が疑われる林業大臣令の発効について汚職撲滅委員会に対して捜査を要求したことを報じている［KORAN TENPO 2009］。記事によれば、カバン林業相（当時）が退任三か月前の二〇〇九年六月一二日に署名した林業大臣令第三二七号は、泥炭層が三メートルを超える泥炭湿地林の伐採を禁止する一九九〇年大統領令第三二号をはじめとする数々の環境法規に違反しているという［Sembiring 2015］。

林業大臣令第三二七号によってＲＡＰＰ社が事業権を手に入れた土地のエリアはリアウ州の五つの県に及ぶ。なかでもカンパール半島の南側をカバーするプララワン県に含まれる面積は、三五万ヘクタールのうちの一五万ヘクタールの広さである［Salim 2013］。違法性が疑われるこのＲＡＰＰ社の事業権取得によって、テルク・メランティ住民が国の社会林業スキーム（「村落林」制度）を使って自分たちの森の利用を法的に確保しようという構想は霧消に帰した。

カンパール半島で産業造林企業の操業を可能にしているコンセッションの発効過程にある、多くの見過ごしようのない深刻な瑕疵《かし》が、裁判やＮＧＯの告発によって公知の事実として知られることとなった。しかし実際には、産業造林企業の無法図な振る舞いは放置されたままだった。時間の経過とともに収奪の記憶が薄れていく風化に抗うのは、当事者の住民にとっても容易いことではないかもしれない。

その後、カンパール半島やパダン島では産業造林コンセッションに代わって、環境保全を目的とする生態系修復コンセッションが、やはりエイプリル社系列企業に相次いで発効されていく。

その一つがグミラン・チプタ・ヌサンタラ社（GCN：PT. Gemilang Cipta Nusantara）だ。この企業は、ある伐採企業が持っていた天然林伐採事業権（HPH：IUPHHK-HA）が失効するのに伴って、その土地で、生態系修復コンセッションを得ようとした。その同じ土地は、近隣村が「村落林」の指定を求めていた場所でもあった。結局、プラワン県政府は、政治的な影響力にまさるGCN社の事業を認め、同社は二万二六五ヘクタールのコンセッション（No. SK 395/Menhut-II/2012）を取得した［Ali 2013］。コンセッションの貸与期間は六〇年だが、その後、最長三五年の延長が可能である。これにより、近隣村の村落林の面積は、住民が希望していたものよりもかなり少なくなってしまった［原田 2018］。林産物に生活の多くを頼っているコミュニティからみれば、森林の囲い込みという点では産業造林も生態系修復も同じである。二〇〇七年、セラプン村が隣村のセガマイ村とともに政府へのロビーイングを始めてから七年後にようやく村落林が認められたが、それは半島全体の面積の〇・一パーセントにも満たない微々たる面積にすぎなかった［Budiono et al. 2018］。

写真8-2　セラプン村の「村落林」の北側にある木材積出港
撮影：筆者

4 エイプリル社の「リアウ環境回復プロジェクト」

森林減少や森林劣化を抑制することによって温室効果ガスの排出量を削減させたり、温室効果ガスの森林への吸収量を増大させたりする途上国の取り組みに対して、先進国が経済的支援を提供する「REDD＋（レッドプラス）」と呼ばれる気候変動対策が世界各地で進められている。先述の生態系修復コンセッションは、REDD＋を促進させるために導入されたインドネシアの国レベルの制度である。森林の減少や劣化が進んだ生産林を対象に、森林の保全、コミュニティの発展支援、生態系の調査とモニタリングなど、さまざまな活動によって熱帯林の再生につなげようという目的を掲げる。持続的な運営資金の獲得手段の一つとして、市場に創出される炭素クレジット（温室効果ガスの排出削減量証明）の取引が想定されている。これは、気候変動対策といったグローバルな文脈の中で炭素クレジット取引という市場のメカニズムを使っている点で、新奇なタイプの収奪といえる［原田 2018］。生態系修復コンセッション事業には、広大な生態系保全や周囲の住民対策などで管理と運用に莫大な費用がかかるといわれ、国からライセンスが与えられるのはエイプリル社のような巨大企業や豊富な資金力を備えた国際的な環境団体などをバックに持つ民間事業者がほとんどである［原田 2019］。

エイプリル社はGCN社を含む傘下の四企業とともに、「リアウ環境回復プロジェクト（RER：Restorasi Ekosistem Riau）」をパダン島とカンパール半島で展開している。エイプリル社は、自社の木材サプライヤーがカンパール半島の周囲を囲むように造成している「リング状植林地(ring plantation)」を、「不法な伐採や不法侵入を減らすのに役立ち、また内側に生息する野生動物を保護する」ことを目的とする「緩衝ゾーン」と位置づけている。しかし、会社が謳う効果とは裏腹に、「緩衝ゾーン」は企業が営利目的で行う産業用アカシア造林にほかならず、地元の住民たちからみれば、かれらが伝統的に利用してきた森林へのアクセスを阻む「障害」以外の何物でもない。また、地球上で非常に特異な生態系とされる熱帯泥炭湿地林の保護といった目的も、絶滅危惧種の密猟や違法な伐採など数々の深刻な不法行為によって蝕まれている[Suryadi and Zamzami 2019]。エイプリル社は自社ウェブサイトで同プログラムの正当性を次のように喧伝する。

統合的な植林地管理の実施が保全への取組みの中心であり、不法侵入や荒廃から保全林を守る方法として「リング状植林地」を実施しています。これはコンセッションの周縁部にアカシアの植林地を設置して緩衝ゾーンを作り出すものです。この方法は、中央の保全林エリアを保護して不法な伐採や不法侵入を減らすのに役立ち、また内側に生息する野生動物を保護する働きもします。

リング状植林地によって、経済的な利益のほか、資源や雇用機会も生み出し、現地コミュニティの暮らしを支援しています。このようにして、再生可能な植林地と保全・保護とのバランスを取るよう努力しています[エイプリル社 n.d.]。

「保全」の陰で起こっている苛酷な住民排除の実相を知る時、さまざまな法律や規制（もしくはそうした規制の恣意的な運用）を後ろ盾にした企業の「環境保全」言説は、それが糊塗《こと》する「保全」の瑕疵の深刻さをいっそう際立たせているかのようだ。保全科学が本来、ヒトと自然との関わりを扱う以上、「保全」は生態系や野生種の保護のみならず、ローカルな住民コミュニティの福利をも含めた複合的な視点に立って実践されるべきである。エイプリル社の謳う「環境」からは、地元住民たちの木材採取や漁撈などのローカルな経済的営みを支えてきた熱帯林の豊かさをイメージすることは難しい。むしろ、「環境」は、住民たちの盗伐などによる荒廃から「回復」され「保全」されるべき」である対象として描かれている。そこには、住民たちをプログラムの重要なステークホルダーとみる視点はないし、対等な協働関係を築く相手という認識もない。インドネシアのような森林ガバナンスの脆弱性が指摘されている国において、国が主導するＲＥＤＤ＋プログラムを中心とする「環境保全」が保全エリアの確保と管理ばかりに偏向するならば、地域住民の森林資源へのアクセスの遮断という深刻な人権リスクを見逃しかねない［Afiff 2016］。

5 「村落林」

インドネシアの環境・林業省が進めている社会林業スキームの一つである「村落林（Hutan Desa）」は、コミュニティ成員の福利改善を目的に、住民組織に一定程度の森林の管理権を付与する制度である。村の有志による村落林管理組織（Lembaga Pengelola Hutan Desa）の責任のもとに、天然林の保

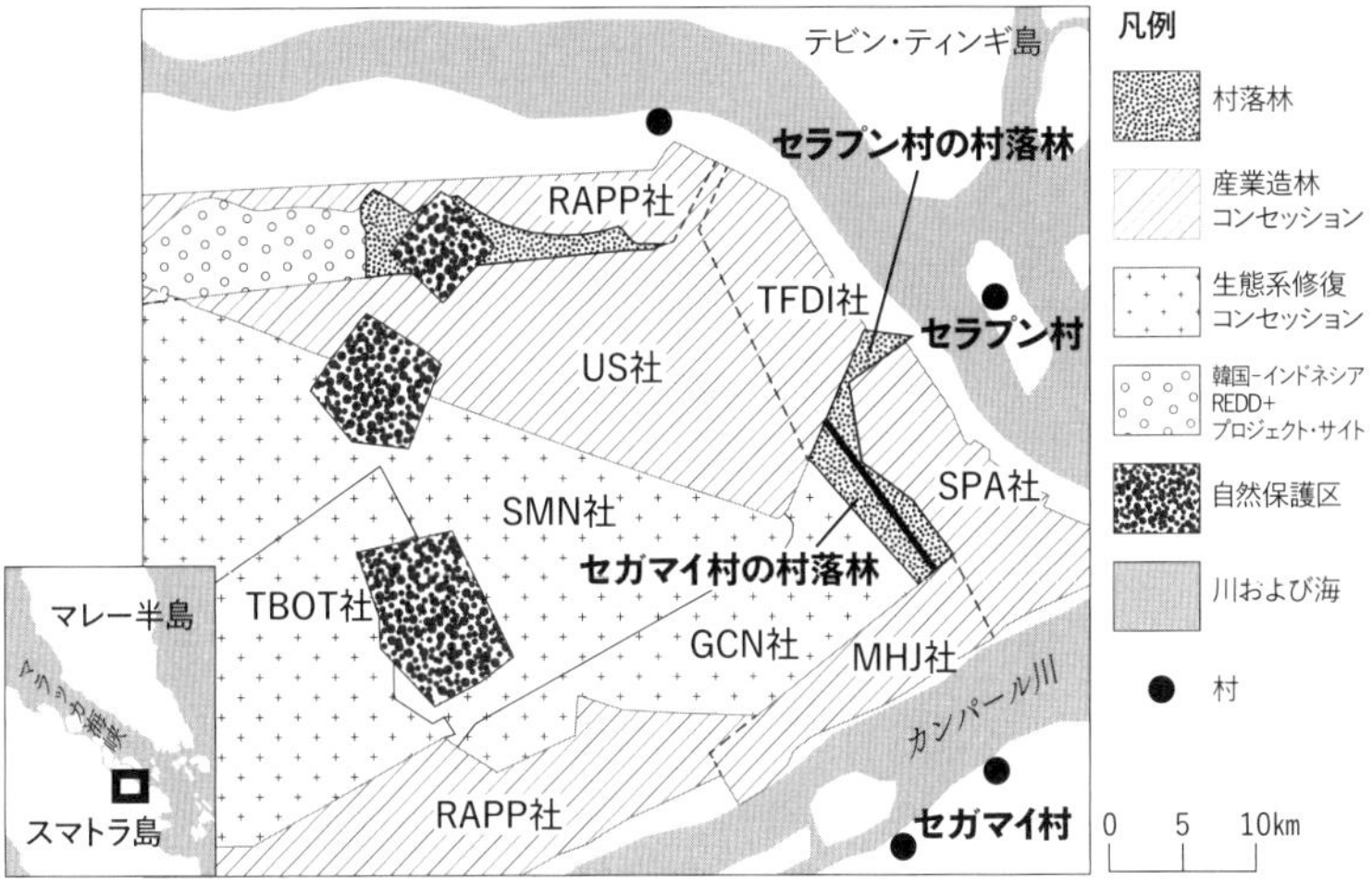

図8-1　カンパール半島における産業造林および生態系修復の事業地

出所：ジカラハリ（Jikalahari）が作成した地図，“Peta Pengelolaan Kawasan KPH Model Tasik Besar Serkap”，インドネシア環境林業省が作成した地図，“Peta Arial Kerja Hak Pengelolaan Hutan Desa di Desa Teluk Lanus, Kecamatan Sungai Apit, Kabupaten Siak, Propinsi Riau”，および，エイプリル社が2018年に出した報告書 “Progress Report 2017: Restrasi Ekosistem Riau” を参考に笹岡正俊作成.

護、アグロフォレストリー、非木材林産物（ＮＴＦＰ）や木材の採取が認められる。これはＲＥＤＤ＋のための「事前条件（precondition）」となるスキームともいわれる［Akiefnawati et al. 2010; Santika et al. 2017］。ジョコウィ政権は二〇二〇年までに「村落林」ライセンスの発効面積を累計で一七〇万ヘクタールとする目標を掲げている。

セラプン村が保有する「村落林」の面積は一九五六ヘクタール。その周囲に産業造林用のコンセッションが三つ存在している。南側にＡＰＰ社系列のサトリア・プルカサ・アグン社（ＳＰＡ：PT. Satria Perkasa Agung）とミトラ・フタニ・ジャヤ社（ＭＨＪ：PT. Mitra Hutani Jaya）、北側にエイプリル社傘下のトリオマス・フォレストリー・デベロップメント・インドネシア社（ＴＦＤＩ：PT Triomas Forestry Development Indonesia）がある。これら三社はすべて、前述したようにザイナルが「違法」に発効したコンセッションの事業体である［EEPN 2015］。それらの合計面積は約三万ヘクタールになる［Supriatin 2012］。また西側には、先述のＧＣＮ社の生態系修復コンセッションがある（図8−1）。

「村落林」では将来、エコツーリズムや非木材林産物（ＮＴＦＰ）採取などの代替経済の創出が模索される予定だが、その前提として村落林管理組織メンバーによる維持管理の定期的なルーティンがある。ただ、村の村落林管理組織のリーダーは重責感からくる疲弊を訴えている。すぐにでもリーダーの地位を他の者に譲りたいという。「村落林」のライセンス取得のために一緒にロビーイングに奔走したミトラ・インサニ財団（Yayasan Mitra Insani）は認定後、支援をほとんどやめてしまった。村落林管理組織のメンバーたちは農業や漁業といった本業に加えて「村落林」パトロールの任務が期待されているが、遠隔地の監視を無償で引き受けるメンバーは皆無だ。二〇一三年三月にセラプン村の「村落林」のライセンス授与式がジャカルタの環境・林業省の講堂で盛大に行われてから年月が経ち、当時の祝祭的な興奮はすでに消えてしまった（写真8−3）。現在、メディアがセラプン村を取り上げる報道の多くは違法伐採にまつわるものである。「村落林」が天然林の保護を目的とし、ＲＥＤＤ＋の一翼を担うべき国のスキームであることを考えると、有効に維持管理できる行政のサポートは欠かせないはずだ。

産業造林、天然林伐採、そして生態系修復事業にみられるように、オランダ領東インド時代より現在まで、企業が長期的に林産物の収穫や管理を行う独占的な土地の利用権を付与するというコンセッションモデルをインドネシアは温存してきた。国は国益を大義として住民たちが生業の場所として使ってきた土地を取り上げ、企業に再配分してきた。しかし結局のところ、住民たちの生活や「環境保全」といった目的はいつの間にか雲散霧消し、土地は企業の資本蓄積、利益のために使われてきたのである。これは搾取以外の何物でもない［White 2012］。

写真8-3　2013年3月，環境・林業省講堂での「村落林」授与式
左からズルキフリ・ハッサン大臣（当時），
セガマイ村村長（当時），セラプン村村長（当時）のジャスマン氏，
セガマイ村村落林管理組織リーダーのサリトンガ氏，
セラプン村村落林管理組織リーダーのジャイサル氏
撮影：Yayasan Mitra Insani

カンパール半島の森林管理を行う行政組織は、タシク・ブサール・セルカップ生産林管理ユニット（KPHP TBS: Kesatuan Pengelolaan Hutan Produksi Tasik Besar Serkap）である。REDD＋事業地や二〇前後の産業造林コンセッション、三つの生態系修復コンセッション、そしてセラプン村の村落林を含む三つの「村落林」を管轄する。プカンバルのオフィスで新旧二人の局長を含めて都合三回行ったインタビューを通して感じたことは、「村落林」の状況がほとんど把握されていないということだ。生産林管理ユニットは、国による新しい管理理念から編成された組織ゆえに、地元の州や県の林業局との利害衝突、予算や人員の不足などが指摘されている［Suwarno et al. 2014］。ただ、社会林業の実践現場

の現状が理解されていないとしたら、中央政府による国有林管理政策がいまだに企業偏重の歪みを抱えていると思われても仕方がない。アカシア植林の企業との間では、定期的な報告書の授受や混成チームによるコンセッションのパトロールなど、緊密な連携がとられているものの、「村落林」からは何も情報が上がってこない、と前局長は嘆いていた。インフォーマルな森林伐採が行われていたり、企業のコンセッションとの境界線をめぐって軋轢が起きていたりするなど、「村落林」の管理をめぐる問題や、村落林管理組織が財政や労働力の面で困窮しているという問題については関心や知見がほとんど示されなかった。村落林管理組織が生産林管理ユニットに対して管理や運営に関する助成金を申請することは可能だが、浩瀚《こうかん》な申請書の作成や都市部オフィスと現地との距離の遠さを考えると、住民側の努力だけで円滑なサポートを得ることは難しいように思われる。

次節以下では、現場レベルでの「村落林」の実情をみていく。

6　セラプン村の造船業者

セラプン村はリアウ州のプララワン県クアラ・カンパール郡（Kecamatan Kuala Kampar）にある村（Desa）である。村そのものはマレー半島とスマトラ島を隔てるマラッカ海峡に数多く点在する離島の一つである。島の面積八三〇ヘクタールに人口二六五〇人、七八五世帯が住む。「村落林」どうしが接している、四万五千ヘクタールの土地におよそ一一〇〇人が暮らすセガマイ村と比べると、セラプン村の人口稠密度は格段に高い。主要産業の一つ、サゴヤシの栽培は家族単位で行われている。島内に加工工場はなく、定期的に島にやって来る仲買人に売っている。島の西側対岸にあるカンパール半島でも、村の住民グループが野菜や果実、アブラヤシの栽培を小規模に行っている。昔は多くの住民が半島側の森で木の伐出に従事していた。しかし、後述するように、ユドヨノ大統領の政権時に違法伐採の撲滅を目的とする二〇〇五年大統領令第四号(Presidential Instruction (Inpres) No. 4/2005)が発令されて以降、大方の住民は農業に就くようになった。ただ、地質にも地下水にも恵まれない小さな離島のセラプンの場合、農業を拡大するにはおのずと限界がある。そのために漁船を建造する造船業が、就業者数こそ減らしてはいるものの(二〇二〇年現在、一〇〇人超)、いまだに大きな雇用を抱える産業となっている(写真8-4)。造船業者たちにとってその生業を続けるうえでの一番大きな問題は船材の調達である。ほとんどを島外から購入しているが、つねに木材価格の高騰と資材の払底に悩まされている。

写真8-4　セラプン村の造船風景(2013年3月)
撮影:Pranowo Adi

写真8-5　「造船用の木材はどこから?」
入手ルートを尋ねる筆者に向ける造船業者たちの視線は厳しかった．
左端筆者，右端はジャイサル氏
撮影：鈴木偉斗

セラプン村の村落林管理組織のリーダー、ジャイサル（Jaisal）氏は造船者グループのために漁船の製造依頼主を探す、いわば請負人の仕事に携わる。彼によれば、カンパール川流域の村にとって造船は重要な生計手段だが、なかでもセラプン村の造船業はそれに携わる雇用の規模も比較的大きく、親の代から受け継いでいる職人も多いという。発注から設計、資材の調達、造船の一連の工程は、棟梁を中心とするグループによって一括して行われる。他の県や州からの需要もあるという。造船現場で、ある棟梁と彼の下で働く数名の船匠に木材の調達について話を聞いた。メガワティ政権時、産業造林企業がコンセッションを持っていた時代には半島内の森林から大径木を調達することができた。しかし、コンセッションを受け継いだ産業造林企業が同じエリアでアカシアの植林を始める頃には、企業が皆伐をして村が慣習的に使ってきた森は荒廃し、大径木を採取することができなくなった。

建造中の小型漁船に案内された。船材が手に入らず、建造を始めて二年が経ったものの作業を中断しているという。構造材の竜骨は硬い「クンパス」材を手に入れることができたが、横の構造である肋材《ろくざい》は「メランティ」材で補うしかなかった。いずれの熱帯樹種もその木材は建材などよりも強度や耐水性に優れ、船材に好適な性質をもつが、セラプン村の「村落林」周辺では入手が難しくなっている。いずれにしろ、材料は自分たちで確保することはできず、すべて外部から購入したものだという。棟梁によれば、木材の出所を気にする製造依頼者など一人もいない。また、建造された大規模な船は地元の政府において登録が課されるが、木材の仕入れルートなどを記載する項目などない。こうしたなか、造船業者たちは「違法伐採」木材（の一部）を使っているとして、その「共犯者」の濡れ衣を着せられかねないリスクを負わされてしまっている。このことについて、かれらは憤懣やる方ないといった態度で不平を述べていた。

なお、ジャイサル氏はかつて県政府を訪問し、木材の調達で造船業者たちが抱えている苦境を訴えたことがある。その際、県政府職員からは造船をやめて別の収入源を模索せよと言われたという。セラプン村の例のように、生産林に与えられた「村落林」では、木材採取が年間最大で五〇立方メートルまで許可されてはいる（Ministerial Decree No. P. 89/2014 Article 33）。しかしそれは、村のモスク建造など非営利目的にのみ適用され、造船用の木材生産には適用されない。

7 「村落林」で多発する「違法伐採」

「村落林」が認定されて以降、「違法伐採」はむしろ増えている。この皮肉な事実をどう理解すべきだろうか。

二〇一八年一〇月に摘発された一九名による組織的な違法伐採については、逮捕者の数、押収された五三トンという木材量の多さから、多くの地元メディアが押収現場ばかりか手錠姿の容疑者たちの写真とともに報道している[Sani 2018](写真8-6)。摘発された現場はSPA社のコンセッションの外側、セラプン村の「村落林」内だったという。この数年、半島内の森林で不法に伐採するグループが相次いで警察に摘発されている。その法的な拠り所になっているのが、森林破壊防止・撲滅に関する二〇一三年第一八号法(UU No. 18 Tahun 2013 tentang Pencegahan dan Pemberantasan Perusakan Hutan)である。

第3節で述べたように、企業に与えられた管理権の「正当性」、そしてそこから産出される木材の「合法性」の根拠を与える法的なフレームと、そうした法の運用との間に見逃しようのない深刻な乖離がある以上、「合法性」と「違法性」の境界は判断軸を失って揺らぎ始め、両者の区別は相対的なものにならざるを得ない。また、「違法性」を問う側と問われる側の間に圧倒的に非対称な権力の違いがあるような場合には、恣意的な権力の運用を許してしまうだろう。

違法伐採が国際的な脅威として認識され、持続可能な木材生産を求める世論が高まった二〇〇五年、当時のユドヨノ大統領は国内における違法伐採の一斉摘発に乗り出し、「インドネシア共和国全地域における森林地域での違法な木材伐採とその流通の撲滅について」と題した大統領令(二〇〇五年第四号)を発令する。違法木材の取引や加工には大規模なマフィア組織が背後で暗躍していたといわれるが、この大統領令によって格好のターゲットとされたのは、シンジケート組織などではなく、地域の住民であった[Colchester et al. 2006]。

森林に依存する住民の生業を「犯罪化」するという点でこの大統領令と相似形をなすのが、先述の森林破壊防止・撲滅に関する二〇一三年第一八号法である。カンパール半島の「村落林」を舞台に繰り返される「違法伐採」の摘発で、容疑者の逮捕の法的根拠として使われたのはこの法律であった。最高で一五年の禁錮刑、五〇億ルピアの罰金を科すことができる非常に重い刑罰を定めているこの法律は、もともと、組織的な森林犯罪を対象としてつくられたものであった。同法を根拠に、これまでに五三名の住民が起訴され、うち四三名は平均で一八か月の禁錮刑の判決を受けている。その一方、この法律は企業の取り締まりには適用されていない。これまでに一社として有罪となった企業はないのである。先住民など森林に生業を依存する住民の犯罪化を進める法律だとして、インドネシアのNGOはこぞって、その一刻も早い廃止を要求している［ANGOC and LWA 2019］。

写真8-6　セラプン村「村落林」内で行われたという「違法伐採」の容疑者たち
出所：Sani［2018］

さて、セラプン村の造船業者たちは、こうした「違法」に伐採された木材を船材として使用しているのだろうか。何一つ断定的なことは言えないが、これまで筆者が行ってきた住民へのインタビューや「村落林」の実地視察などを通して、おそらく使われている可能性が高い。では、木材の安定供給を望む造船業者たちはこの「違法伐採」をどう見ているのか。造船現場で、先述の一九名の逮捕者を出した事件について率直な感想を聞いた。

船匠の一人は、逮捕者のうちの何名かは顔見知りだと述べ、「かれら（盗伐グループ）は警察の逮捕など恐れていない」とも言った。現場で製材されたメランティ材はSPA社のカナルを二九の筏で運ばれたという。陸揚げ後にトラックに積まれた木材の行き先は、同じリアウ州のロカンヒリル県にあるバガンシアピアピ（Bagansiapiapi）だった［Potret24.com 2018］。バガンシアピアピといえば、かつては世界有数の漁船造船拠点だった［日本船用工業会ほか 2017］。しかし、今では造船用の資材払底は深刻な状況にある［Wikipedia "Bagansiapiapi"］。現場からは三台のチェンソー、四台の製材機、二艘の運搬用ボートも押収されている。プカンバルで取材したミトラ・インサニ財団のメンバーの一人は、「チュコン（cukong）」と呼ばれる資金提供者が暗躍する違法伐採のネットワークがセラプンの周辺に存在するのだろうと明かしてくれた。さらに彼は、村の一部の住民から、半島で行われている違法伐採の通報者と疑われ指弾を受けたことが、自分を「村落林」のサポートから遠ざけた原因だと述べた。

材料の入手が難しい事情を半ば怒るように口にした船匠たち。村の伝統的な生業が脅かされ、また場合によっては違法伐採の連座を問われかねない不安を抱えるかれらが怒りのまなざしを向けているのは、半島でアカシア植林を拡大させている企業であり、生態系修復事業を担う企業である。

8 森林の管理強化と伐採の「犯罪化」

ジャイサル氏は、「自分はこれまで違法伐採を生業《なりわい》にしてきた」と公言してはばからない。森から木材を切り出し、三角帆を立てた簡素なボート(perahu layar)を使って自ら木材を積んでマラッカ海峡の国境を渡り、シンガポールまで運んでいった。当時はチュコンやタウケ(tauke)と呼ばれる多くの仲買人が海峡を舞台に暗躍していた時代で、沖合で「入国査証」の書類を渡されて入港できたという。また一方で、「半島側の広大な森はいつの間にか、企業の手に渡ってしまった。企業が根こそぎ森を伐採し、アカシアを植える営利行為は何一つ罰せられない。かたや生業のために木材を切り出す者たちがなぜ、犯罪者に仕立てられてしまうのか」。メガワティの時代までは「自分たちの森」で伐採しても犯罪化されることはなかったのだ(「許容された不服従の空間」[Scott 2014=2017: 17])、と憤慨する。彼の言葉の背後に、これまでに国の森林政策に翻弄されてきた自らの個人史に対する深い断念と威厳がないまぜになった複雑な思いを見て取ることができる。

セラプン村の「村落林」制定のために奮闘を続けてきたジャイサル氏だが、その奮闘を後押ししてきた背景には、自分たちの森を取り戻したいという住民たちの期待があった。しかし今のところ、ジャイサル氏や他の村落林管理組織のメンバーたちはそうした期待に沿うような成果を出せずにいる。木材依存というローカルな事情を一顧だにしない新たな規制が「村落林」の制定により村に持ち込まれた一方で、行政府からのサポートもないまま、「村落林」運営の責任を負うことになったのである。

少なくともセラプン村の場合、「村落林」の制定によって地域の住民は森林へのアクセス権を享受できたとはいえない。先述のとおり、村落林から伐出される木材は、非営利目的の利用に限られており、造船用の木材としては利用できないのである。

村落林の制定は、むしろ、これまである程度は自由に使えた土地に対して、フォーマルな法に基づく管理体制を強化することにつながった。このことにより、地域住民を巻き込んだ「違法伐採」が再生産され、木材の調達に苦慮する造船業者などの住民までもが犯罪に連座しかねないリスク(違法材を使うことにより法に触れるリスク)が否応なしに高まったといえる。こうした変化のなか、地域住民は、政府の絶大な権力と準国家のように土地を支配する企業の振る舞いをつねに痛感しながら孤立感を深めているのである。

林産物を伝統的に利用してきたコミュニティの住民に「伐採」=「犯罪」の規範を植えつけるうえで、地元紙の紙面を飾る手錠姿の違法伐採被疑者たちの映像は、すぐれた教育的な効果をもつ。「木材伐採」という行いが、本来は起こってはならない犯罪性を伴う逸脱行為である、という文化の規範化が、行政や警察はもちろん、NGOや研究者ばかりか林産物をこれまで利用してきた住民たちの意識深くに焼きつけられていく。その結果として、「木材伐採」にこれまでどおりに携わる者、あるいはまた、そうした木材を利用する恐れのある者は、規範化社会の周縁へと排除されていくだろう。そうした排除志向は、政府や企業による厳格な「管理」の完遂を意味している。周辺の村の住民たちまでもが末端の監視装置のように「伐採」に目を光らせるようになれば、政府や企業といったより大きな権力者は、自らの存在を一切誇示せずとも、「伐採」に関わる者たちを「管理」できるようになるからである。住民たちからすれば、「管理」の力学が自分たちに及んでいるという意識が薄弱になる。また、かれらが本当に対峙している相手がますます不可視化されていくのと反比例するように、「管理」の主体はその存在をいっそう揺るぎがたいものとすることができる。

9 むすび

セラプン村の「村落林」の訪問は、冒頭で書いたようにいったんは断念したが、数か月後、村を再訪したときに念願を叶えることができた。一九八九年に政府から天然林の伐採権を与えられた企業（PT. Yos Raya Timber）が木材運搬用に掘削したというカナルを船外機付きの船で遡上した後、上陸したところで、ジャスマン氏が半島側で農業に従事している三人の友人、義理の兄弟と六〇歳代のN氏を連れてきてくれた。ゴールはセラプン村の「村落林」の先にある湖、夜は湖畔にある小屋で一泊するのだ。ジャスマン氏自身も湖にはまだ足を踏み入れたことがない。友人たちは付近の地の利に慣れているという。カナル沿いを歩いていくと、「村落林」のエリア内に入る。木道がえんえんと敷かれているのに気づく（写真8–7）。途中に粗末な小屋があるが、立ち止まらずに歩き続けろと小声で指示を受ける。伐採業者たちが寝泊まりする小屋だ。ただ、仮設小屋というには長い生活感を漂わせる古さを帯びている。実は、筆者は二〇一一年にミトラ・インサニ財団のメンバーたちと一緒にこの一帯を訪問している。財団は当時、伐採グループの一人ひとりに「村落林」の意義を説いて回り、伐採を止めるよう懇願していたが、「村落林」が登録された今でも伐採は依然として続いていたのだった。

写真8-7　セラプン村「村落林」を抜ける木道
撮影：筆者

湖に着いた。面積一五〇ヘクタールほどの、住民たちが「タシック・サンガー（Tasik Sangar）」と呼ぶ湖である。泥炭水の湖面が周囲の森を鏡面のように反射させている。小屋の住人は夕食の際、湖に「いくらでもいる」というアロワナを採ってもてなしてくれた。聞けば、他県からセラプン村のある有力者に雇われた伐採者だという。リスクはある程度覚悟しているのだろう。お金を稼いで一日も早く家族のいる北スマトラに帰りたいという。N氏はジャイサル氏とほぼ同時期に、半島側で伐採した木材を積んだボートでマラッカ海峡を横断する仕事に就いていた。シンガポールに向かっていた時にモーターが故障し、海峡を数日漂流していたところを日本の大型タンカーに救出されて命拾いした、という話を披露してくれた。義理の兄弟は普段はアブラヤシやキャッサバ、パイナップルなどを栽培しているが、時に伐採を「手伝う」こともある。

「村落林」に対する行政的な支援には多くの課題があるにもかかわらず、管理・運営する住民たちに対して政府が求める規制には、これまで見てきたように高いハードルが設けられている。その規制の高さに比べると、地元住民が「違法伐採」という犯罪に手を染めてしまう敷居はあまりにも低い。「違法伐採」の再生産はしばらく続くだろう。

註

* 本論考は二〇一八年九月、二〇一九年三月と九月、二〇二〇年三月の計四回の現地調査を行った際の住民やNGO、役所での聞き取りによる取材をもとにしている。

* 右記の現地調査はJSPS科研費(課題番号18K11793)の助成を受けている。

編者あとがき

熱帯林をめぐる「問題」は目新しい問題群ではない。熱帯林の減少をはじめとする諸問題を解決するために、これまで多くの研究や実践活動がなされてきた。しかし近年、熱帯林に関わる利害関係者（政府機関、開発援助機関、企業、NGO、大学・研究機関、市民、住民など）は多様化し、それらの関係者によってさまざまな情報が発信されるようになっている。また熱帯林の持続可能な利用と管理の取り組みにおいて、「ルールをつくり、運用する」という役割はこれまで国家が中心的に担ってきたが、近年は環境保護団体、森林認証機関、企業などに代表される非国家アクターの関与が増している。そして、「非国家市場駆動型ガバナンス」とも呼ばれる「国際資源管理認証制度」や「自主行動方針」といった市場メカニズムに依拠する「熱帯林ガバナンス」の仕組みが強い影響力を持つようになってきている。そうしたなか、熱帯林をめぐる「問題」は複雑化し、その全容を私たちが個人で把握することはきわめて困難になっている。

共編者の笹岡正俊さんから、「これまで個別にやりとりをしてきたメンバーが一堂に集まってじっくりと意見交換ができれば、今後の研究や実践活動にとって有意義ではないか」と、熱帯林ガバナンスについて考える研究会設立の提案があったのが二〇一六年の秋のことである。その呼びかけに応じた研究者や実務家(NGOスタッフ)が集まって、インドネシアの熱帯林管理をめぐる問題(天然林保護、森林火災、土地紛争、地域住民の人権など)について、これまで取り組んできたことや今後の研究や実践活動について各自報告し、協働の可能性について意見交換を行うことを目的とした「熱帯林ガバナンス研究会」が発足した。

その第一回研究会は二〇一七年一月一三日に九州大学東京オフィスで開催された。その後、研究会は第二回(二〇一七年七月一八日、北海道大学東京オフィス)、第三回(二〇一八年一月二六日、北海道大学東京オフィス)、第四回(二〇一八年六月一六日、九州大学東京オフィス)、第五回(二〇一八年一一月二三日、九州大学東京オフィス)、第六回(二〇一九年二月三日、九州大学東京オフィス)、第七回(二〇一九年五月二六日、九州大学東京オフィス)とこれまでに計七回開催された。研究会では、毎回二、三名のメンバーが報告を行った後、じっくりと意見交換を行うかたちで、インドネシアの熱帯林ガバナンスをめぐる問題について議論を重ねてきた。

研究会の成果を一冊の本にまとめようという構想が持ち上がったのは、第四回研究会後の懇親会の席である。それを受けて、第五回研究会で出版計画案について具体的な話し合いがなされた。その中で、「熱帯林ガバナンスの理念と現実との間には、依然として大きな隔たりがあるが、現場のリアリティはガバナンスの制度的外観の整備が進むことで逆に見えにくくなっている」という問題意識がメンバー間で共有された。そして、①ガバナンスの逆機能に焦点を当てること、②制度設計のあり方だけに目を向けるのではなく、制度の活用のされ方やその帰結に影響を与える現実のアクター間の相互作用や権力関係に着目すること、③ガバナンスの目指す理念と現場のリアリティとの間に乖離や齟齬があるということを単に描くだけではなく、なぜそれが生まれるのか、その要因やメカニズムについて検討すること、——これらを目指すべき基本的な方向性として掲げ、「小さな民」(周縁化された「草の根のアクター」)の視点から、現場のリアリティを明らかにし、熱帯林ガバナンスの課題を検討することを目的した一般読者向けの本の出版に取り組むことが決まった。こうした経緯を経て、研究者と実務家(NGOスタッフ)の協働によって生まれたのが本書である。

序章でも述べられているように、本書の目的は、周縁化された「草の根のアクター」の視点から、熱帯林ガバナンスが「熱帯林開発の現場で生きる人びと」にどのような影響を与えているのか(あるいは与え得るのか)、そうした人たちは日々の暮らしの中でどのような問題に直面し、何を求めているのか、熱帯林ガバナンスが用意する「問題解決」はそうした人たちにとってどのような意味を持っているのか、といった問いの答えを探り、開発の現場に生きる人びとが直面している問題を掘り起こすことを通して、これからの熱帯林ガバナンスのあるべき姿と、それに向けて社会全体で深めてゆくべき議論の方向性を提示することであった。本書は、インドネシアの現場からの報告を通じて、熱帯林開発の現場に生きる人びとが直面している問題を明らかにし、熱帯林ガバナンスの理念と現実との間には大きな隔たりがあることを一定程度示すことができたのではないかと思う。他方で、多くの課題も残された。

第一に、各章で取り上げた事例の共通点や相違点の比較分析を通じて、熱帯林ガバナンスが目指す理念と現場のリアリティとの間の乖離や齟齬がなぜ生まれるのか、その要因やメカニズムを明らかにし、熱帯林ガバナンスのあるべき姿とその実現に向けて社会全体で深めてゆくべき議論の具体的な方向性を指し示すには至らなかった。今後も現場に根ざした事例研究の積み重ねと、それらの横断的な比較分析によって、この課題に取り組んでいく必要がある。

第二に、本書は「熱帯林ガバナンス」を「社会的に公正で持続的な熱帯林の利用と管理を達成するために、さまざまな利害関係者(地域住民、私企業、NGO、政府組織など)が、時には対立しながら協働していくプロセス」と定義したが、どうすれば多様な利害関係者がうまく協働できるのかについても十分に議論を深めることができなかった。近年の熱帯林ガバナンスで強い影響力を持つようになってきている「国際資源管理認証制度」や「自主行動方針」に代表される「非国家市場駆動型ガバナンス」では、独立した立場で評価する第三者組織の役割が重視されている。しかし本書で示したように、これまで「独立した立場」にあると考えられてきたNGOや大学などの第三者組織の「第三者性」が、協働によって生じた利益相反によって揺らいでいる。それゆえ、問題の解決に向けて熱帯林ガバナンスを前進させるためには、いかにこれら第三者組織の「第三者性」を担保しながら、さまざまな利害関係者と協働できるのか、その要件を明らかにすることが必要である。また、現在の熱帯林ガバナンス研究会のメンバーは、研究者とNGOスタッフで構成されており、私企業や政府組織の関係者は含まれていない。しかし、熱帯林ガバナンスの取り組みにおける主要なアクターであり、時には研究会のメンバーとも激しく意見が対立することもあり得る私企業や政府組織といった利害関係者との対話や議論は、熱帯林ガバナンスのあるべき姿や、その実現に向けた利害関係者の協働のあり方を模索していくためにも必要であろう。

これらの課題については、今後の熱帯林ガバナンス研究会でさらにメンバー間で議論を重ねるとともに、本書の読者の皆さんとも一緒に考えていきたい。

本書の出版に際しては新泉社の安喜健人さんに大変お世話になった。この本をより広範な読者に届けるために、また単なる「啓蒙書」ではなく、問いを広く社会に投げかけ、読者とともに考える本にするために、どのような点に留意すべきか、どのような工夫が必要か、出版経験の乏しい私たちに対してさまざまな助言をしてくださった。そして原稿に丁寧に目を通し、多くの改訂案を提示して、私たちが伝えたいことが多くの読者に伝わるように本書を仕上げてくれた。深く感謝したい。

本書の研究成果の一部は、ＪＳＰＳ科研費基盤研究（Ｃ）「植林と土地紛争がもたらす『被害』：フィールド研究からの環境ガバナンスの問い直し（JP17K01998）」（第一章・第七章）、若手研究（Ｂ）「インドネシアにおける天然林保護と安定的な木材供給の実現に向けた熱帯人工林の検証（JP17K15340）」（第二章）、若手研究（Ｂ）「新たな小農アブラヤシ生産認証制度に向けた研究：利害のフィットネス・生活の持続（JP17K17836）」（第三章）、基盤研究（Ｃ）「インドネシアのアブラヤシ農園開発における自発的土地取引と貧困解決（JP17K03554）」（第六章）、基盤研究（Ｃ）「ＲＥＤＤ事業におけるコンセッション保有企業と地域住民の土地権をめぐる相克（JP18K11793）」（第八章）、ならびに株式会社富士通総研・業務委託研究「インドネシア、小規模農家におけるパームヤシ生産の実態調査（二〇一四年二～三月）」および「持続可能なパームヤシ認証制度概要及び運用に関する実態調査（二〇一五年七～九月）」（第三章）によって実施したものである。また出版にあたっては、北海道大学大学院文学研究院一般図書刊行助成を受けた。記して感謝します。

二〇二一年一月

藤原敬大

編者・執筆者紹介

■編者

笹岡正俊（ささおかまさとし）＊序章，第一章，第七章，コラムB
東京大学大学院農学生命科学研究科博士課程単位取得退学．博士（農学）．

北海道大学大学院文学研究院准教授．

専門は環境社会学，ポリティカルエコロジー．

主要業績：「熱帯林ガバナンスの『進展』と民俗知」（蛯原一平・齋藤暖生・生方史数編『森林と文化——森とともに生きる民俗知のゆくえ』共立出版，2019年），「『隠れた物語』を掘り起こすポリティカルエコロジーの視角（井上真編『東南アジア地域研究入門 1　環境』慶應義塾大学出版会，2017年），『資源保全の環境人類学——インドネシア山村の野生動物利用・管理の民族誌』（コモンズ，2012年），「超自然的存在と『共に生きる』人びとの資源管理——インドネシア東部セラム島山地民の森林管理の民俗」（井上真編『コモンズ論の挑戦——新たな資源管理を求めて』新曜社，2008年），「ウォーレシア・セラム島山地民のつきあいの作法に学ぶ」（井上真編『躍動するフィールドワーク——研究と実践をつなぐ』世界思想社，2006年）．


藤原敬大（ふじわらたかひろ）＊第二章，コラムC
九州大学大学院生物資源環境科学府森林資源科学専攻博士後期課程修了．博士（農学）．

九州大学大学院農学研究院准教授．

専門は森林政策学，林業経済学，ポリティカル・フォレスト論．

主要業績："Conflict of Legitimacy over Tropical Forest Lands: Lessons for Collaboration from the Case of Industrial Tree Plantation in Indonesia" (Tetsukazu Yahara ed., *Decision Science for Future Earth: Theory and Practice*, Springer, 2021)，「インドネシアを対象とした林業経済研究の国内動向と今後の展望」（『林業経済』71(6)，2018年），"Socioeconomic Conditions Affecting Smallholder Timber Management in Gunungkidul District, Yogyakarta Special Region, Indonesia" (*Small-scale Forestry*, 17, 2018)，「インドネシアのジャワにおけるチーク育成林業の実態と課題」（『林業経済研究』62(1)，2016年），「インドネシアの国有林地におけるランドグラブの現状——木材林産物利用事業許可の分析」（『林業経済研究』61(1)，2015年）．

▣ **執筆者**（50音順）

浦野真理子（うらのまりこ）＊第六章

北星学園大学経済学部教授.

専門はインドネシア地域研究.

主要業績："Why the principle of informed self-determination does not help local farmers facing land loss: a case study from oil palm development in East Kalimantan, Indonesia" (*Globalizations*, 17(4), 2020), *The Limits of Tradition: Peasants and Land Conflicts in Indonesia* (Kyoto University Press and Trans Pacific Press, 2010).

相楽美穂（さがらみほ）＊第五章

一般財団法人地球・人間環境フォーラム企画調査部研究員.

専門は森林政策論.

主要業績：「REDD+プロジェクトにおける裁判外紛争解決制度の地域コミュニティ救済に関わる要件の充足状況」（共著，『日本森林学会誌』100(4)，2018年），「途上国の森林セクターにおける裁判外紛争解決制度に求められる要件」（共著，『林業経済研究』63(3)，2017年）.

寺内大左（てらうちだいすけ）＊第三章

東洋大学社会学部助教.

専門は環境社会学，国際開発農学，インドネシア地域研究.

主要業績：「農園農業――マレーシアとインドネシアのゴム農園とアブラヤシ農園」（井上真編『東南アジア地域研究入門 1　環境』慶應義塾大学出版会，2017年），「焼畑先住民社会における資源利用制度の正当性をめぐる競合――インドネシア東カリマンタン州・ベシ村の事例」（『環境社会学研究』22，2017年）.

中司喬之（なかつかたかゆき）＊第四章，コラムA
熱帯林行動ネットワーク（JATAN）運営委員．
主要業績：『パーム油のはなし 2——知る・考える・やってみる！熱帯林とわたしたち』（共著，開発教育協会・プランテーション・ウォッチ編，開発教育協会，2020年）．

原田　公（はらだあきら）＊第八章
麻布大学教員，熱帯林行動ネットワーク（JATAN）代表．
主要業績：「《環境保全》という名の土地収奪」（『麻布大学雑誌』29，2018年），「製紙用木材チップ生産をめぐる豪州タスマニアの原生林保護運動——草の根アクティヴィズムの活動と日本の調達企業の対応」（『麻布大学雑誌』32，2020年）．

三柴淳一（みしばじゅんいち）＊コラムD
国際環境NGO FoE Japan 理事．
専門は熱帯林保全，違法伐採対策，木材貿易規制．
主要業績：『フェアウッド——森林を破壊しない木材調達』（共著，国際環境NGO FoE Japan・地球・人間環境フォーラム編，日本林業調査会，2008年），「熱帯木材の"違法リスク"に十分な配慮を」（『グリーン・パワー』481号，2019年）．

文献一覧

■ 序章

青木崇［2013］「国際機関における企業行動指針の形成と展開——CSR企業行動指針の策定を中心として」，『日本労働研究雑誌』55(11): 76–89.

大元鈴子・佐藤哲・内藤大輔編［2016］『国際資源管理認証——エコラベルがつなぐグローバルとローカル』東京大学出版会.

笹岡正俊［2019］「熱帯林ガバナンスの『進展』と民俗知」，蛯原一平・齋藤暖生・生方史数編『森林と文化——森とともに生きる民俗知のゆくえ』共立出版，85–117頁.

藤原敬大・サン・アフリ・アワン・佐藤宣子［2015］「インドネシアの国有林地におけるランドグラブの現状——木材林産物利用事業許可の分析」，『林業経済研究』61(1): 63–74.

脇田健一［2009］「『環境ガバナンスの社会学』の可能性——環境制御システム論と生活環境主義の狭間から考える」，『環境社会学研究』15: 5–24.

Cashore, Benjamin, Elizabeth Egan, Graeme Auld and Deanna Newsom [2007], "Revising Theories of Nonstate Market- Driven (NSMD) Governance: Lessons from the Finnish Forest Certification Experience," *Global Environmental Politics*, 7(1): 1–44.

Falkner, Robert [2017], "Private Environmental Governance and International Relations: Exploring the Links (2003)," in Peter Newell and J. Timmons Roberts eds., *The Globalization and Environment Reader*, West Sussex: Wiley Blackwell, pp. 299–308.

Forest Trends et al. [2015], "Indonesia's Legal Timber Supply Gap and Implications for Expansion of Milling Capacity: A Review of the *Road Map for the Revitalization of the Forest Industry, Phase 1*," Forest Trends website (https://www.forest-trends.org/wp-content/uploads/imported/for165-indonesia-timber-supply-analysis-letter-15-0217_smaller-pdf.pdf) [accessed on 25 October 2020].

McCarthy, John F. [2012], "Certifying in contested spaces: private regulation in Indonesian forestry and palm oil," *Third World Quarterly*, 33(10): 1871–1888.

Rakatama, Ari and Ram Pandit [2020], "Reviewing Social Forestry Schemes in Indonesia: Opportunities and Challenges," *Forest Policy and Economics*, 111 (Article 102052).

Robbins, Paul, John Hintz and Sarah A. Moore [2014], *Environment and Society: A Critical Introduction*, Second edition, West Sussex: Wiley-Blackwell.

鈴木遥［2016］「インドネシアにおける紙パルプ企業による森林保全の取り組み――実施過程における企業とNGOの関係」，『林業経済研究』62(1): 52–62.
平和博［2017］『信じてはいけない――民主主義を壊すフェイクニュースの正体』朝日新書.
立岩陽一郎・楊井人文［2018］『ファクトチェックとは何か』岩波書店.
烏賀陽弘道［2017］『フェイクニュースの見分け方』新潮新書.
中村修［1995］『なぜ経済学は自然を無限ととらえたか』日本経済評論社.
日経ビジネス［2015］「世界が注目するAPPの『森林保護方針』　九州大学の複合チームがその持続性を探る」，『日経ビジネス』1797: 87–89.
林香里［2017］『メディア不信――何が問われているのか』岩波新書.
原田公［2017］「南スマトラ州のマルガ・コミュニティとムシ・フタン・ペルサダ（MHP）社との紛争事例――ムシ・ラワス県セマングス・バル村とOKU県メルバウ村」，JATAN ウェブサイト（http://www.jatan.org/archives/4120/）［アクセス：2020年6月4日］.
ファクトチェック・イニシアティブ（FIJ）［2019］「FIJのガイドライン」，FIJ ウェブサイト（https://fij.info/introduction/guideline/）［アクセス：2020年6月6日］.
ファクラー，マーティン［2020］『フェイクニュース時代を生き抜く データ・リテラシー』光文社新書.
藤代裕之［2017］『ネットメディア覇権戦争――偽ニュースはなぜ生まれたか』光文社新書.
藤森隆郎［1996］「なぜ今『持続可能な森林経営』なのか」，『森林科学』16: 57–58.
藤原敬大・サン・アフリ・アワン・佐藤宣子［2015］「インドネシアの国有林地におけるランドグラブの現状――木材林産物利用事業許可の分析」，『林業経済研究』61(1): 63–74.
丸紅［2020］「MHP／TEL　南スマトラのパルプ・植林事業再生に向けて奮闘する若者たち」，丸紅ウェブサイト（https://www.marubeni.com/jp/insight/scope/mhp/）［アクセス：2020年8月28日］.
三浦準司［2017］『人間はだまされる――フェイクニュースを見分けるには』理論社.
水野広祐・R. クスマニンチャス［2012］「東南アジアの土地政策と森林政策」，川井秀一・水野広祐・藤田素子編『熱帯バイオマス社会の再生――インドネシアの泥炭湿地から』京都大学学術出版会，15–47頁.
矢口克也［2010］「『持続可能な森林経営』の基準と指標」，『レファレンス』60(10): 31–49.
ユニバーサル・ペーパー［n.d.］「Hello――暮らしにハローの使いやすさ.」，ユニバーサル・ペーパー社ウェブサイト（https://universal-paper.co.jp/products/hello/）［2020年11月30日］.
林野庁［2016］「森林認証取得ガイド【森林所有者向け】」，林野庁ウェブサイト（http://www.rinya.maff.go.jp/j/seibi/ninsyou/pdf/ninshou_guide_shoyuusha.pdf）［アクセス：2020年

5月30日].
林野庁[n.d.]「主な森林認証の概要」，林野庁ウェブサイト（https://www.rinya.maff.go.jp/j/keikaku/ninshou/con_3_1.html）[アクセス：2020年5月30日].
APPジャパン[2015a]「【プレリリース】インドネシアで1万本植樹プロジェクトを開始」，APPジャパンウェブサイト（http://www.app-j.com/topics/882.html）[アクセス：2020年5月29日].
APPジャパン[2015b]「【プレスリリース】アジア・パルプ・アンド・ペーパー・グループ（APP）PEFC認証製品の提供を拡大」，APPジャパンウェブサイト（http://www.app-j.com/ecology/news/855.html）[アクセス：2020年5月29日].
APPジャパン[2016]「EcoVadis社によるサステナビリティ調査において『ゴールド』評価を取得」，APPジャパンウェブサイト（http://www.app-j.com/topics/1016.html）[アクセス：2020年5月29日].
APPジャパン[2018a]「WWFジャパンの当社に関する掲載記事について」，APPジャパンウェブサイト（http://www.app-j.com/ecology/news/1153.html）[アクセス：2020年5月29日].
APPジャパン[2018b]「アジア・パルプ・アンド・ペーパー・グループ（APP）は，日本の王子ホールディングス株式会社と段ボール事業の合弁会社設立で合意」，APPジャパンウェブサイト（http://www.app-j.com/topics/1190.html）[アクセス：2020年6月4日].
APPジャパン[2019]「改革に向けたAPPの誓約に対するWWFジャパンの記事について」，APPジャパンウェブサイト（http://www.app-j.com/ecology/news/1235.html）[アクセス：2020年5月29日].
APPジャパン[n.d. (a)]「APPグループについて」，APPジャパンウェブサイト（http://www.app-j.com/group/）[アクセス：2020年5月28日].
APPジャパン[n.d. (b)]「持続可能性への約束」，APPジャパンウェブサイト（http://www.app-j.com/ecology/ecology01.html）[アクセス：2020年5月29日].
BBC NEWS JAPAN[2016]「『ポスト真実』が今年の言葉――英オックスフォード辞書」，『BBC NEWS JAPAN』2016年11月17日（https://www.bbc.com/japanese/38009790/）[アクセス：2020年6月6日].
FoEジャパン[2017]「FoEインドネシア（WALHI）がPT. MHP（丸紅）に強く要請――強制退去608日間 － チャワン・グミリール集落の人々に土地を返し，南スマトラから撤退せよ!」，FoEジャパンウェブサイト（https://www.foejapan.org/forest/library/171215.html）[アクセス：2020年6月4日].
FSCジャパン[2015]「FSCの原則と基準（第5-2版）」，FSCジャパンウェブサイト（https://

jp.fsc.org/preview.fsc5-2.a-611.pdf)［アクセス：2020年5月30日］.
FSCジャパン［2017］「2017年FSC総会が開催されました」，FSCジャパンウェブサイト（https://jp.fsc.org/jp-jp/news/id/436/）［アクセス：2020年6月1日］.
FSCジャパン［2019］「FSCと組織の関係に関する指針」，FSCジャパンウェブサイト（https://jp.fsc.org/jp-jp/2-new/2-5/）［アクセス：2020年6月1日］.
FSCジャパン［n.d. (a)］「FSCロゴの利用」，FSCジャパンウェブサイト（https://jp.fsc.org/jp-jp/-22/）［アクセス：2020年6月1日］.
FSCジャパン［n.d. (b)］「管理木材」，FSCジャパンウェブサイト（https://jp.fsc.org/jp-jp/2-new/2-1/2-1-3/）［アクセス：2020年6月1日］.
NNAアジア経済ニュース［2004］「王子製紙，PNG植林子会社売却」，『NNAアジア経済ニュース』2004年4月7日（https://www.nna.jp/news/show/833648/）［アクセス：2020年6月1日］.
SGEC/PEFCジャパン［n.d.］「PEFC認証制度の特徴」，SGEC/PEFCジャパンウェブサイト（https://sgec-pefcj.jp/pefcとは/pefcについて/pefcの特徴/pefc認証制度の特徴/）［アクセス：2020年5月30日］.
WWFジャパン［2011a］「公益財団法人世界自然保護基金ジャパン定款」，WWFジャパンウェブサイト（https://www.wwf.or.jp/aboutwwf/report/wwfjapan_teikan.pdf）［アクセス：2020年8月28日］.
WWFジャパン［2011b］「公益財団法人世界自然保護基金ジャパン 法人会員入退会等に関する規則」，WWFジャパンウェブサイト（https://www.wwf.or.jp/corp/files/WWF_membsps.pdf）［アクセス：2020年8月28日］.
WWFジャパン［2015］「2015年6月期（第45期）決算報告書」，WWFジャパンウェブサイト（https://www.wwf.or.jp/aboutwwf/report/accounts/accounts2015_06.pdf）［アクセス：2020年8月28日］.
WWFジャパン［2016a］「ボックスティッシュ（王子ネピア株式会社）」，WWFジャパンウェブサイト（https://www.wwf.or.jp/corp/info/333.html）［アクセス：2020年6月1日］.
WWFジャパン［2016b］「トイレットペーパー（王子ネピア株式会社）」，WWFジャパンウェブサイト（https://www.wwf.or.jp/corp/info/336.html）［アクセス：2020年6月1日］.
WWFジャパン［2018］「APP社『森林保護方針』から5年　WWFからのアドバイザリー（勧告）」，WWFジャパンウェブサイト（https://www.wwf.or.jp/activities/activity/3697.html）［アクセス：2020年5月29日］.
WWFジャパン［2019a］「APP（エイピーピー）社『森林保護方針』から6年　NGOは深刻な懸念を表明」，WWFジャパンウェブサイト（https://www.wwf.or.jp/activities/activity/

3940.html)［アクセス：2020年5月29日］.
WWFジャパン［2019b］「2019年6月期（第49期）決算報告書」，WWFジャパンウェブサイト（https://www.wwf.or.jp/aboutwwf/report/accounts/accounts2019_06.pdf）［アクセス：2020年8月28日］.
WWFジャパン［2020a］「APP（エイピーピー）社，エイプリル（APRIL）社関連情報」，WWFジャパンウェブサイト（https://www.wwf.or.jp/activities/basicinfo/3526.html）［アクセス：2020年8月30日］.
WWFジャパン［2020b］「【WWFジャパン】お問い合わせにつきまして」（筆者が郵送した質問票に対するメール回答［2020年8月19日付］）（未公表資料）.
WWFジャパン［2020c］「WWFインドネシア『APP（エイピーピー）社とのビジネスを終了させるべき』と発表」，WWFジャパンウェブサイト（https://www.wwf.or.jp/activities/activity/4327.html）［アクセス：2020年8月28日］.
WWFジャパン［n.d. (a)］「法人の皆さまへ」，WWFジャパンウェブサイト（https://www.wwf.or.jp/corp/）［アクセス：2020年8月28日］.
WWFジャパン［n.d. (b)］「WWFの使命と行動原則」，WWFジャパンウェブサイト（https://www.wwf.or.jp/aboutwwf/mission/）［アクセス：2020年8月30日］.
Auld, Graeme, Cristina Balboa, Steven Bernstein and Benjamin Cashore [2009], "The emergence of non-state market-driven (NSMD) global environmental governance: a cross-sectoral assessment," in Magali A. Delmas and Orang R. Young eds., *Governance for the Environment: New Perspectives*, Cambridge: Cambridge University Press, pp. 183–218.
BBC [2018], "Recognising fake news," BBC website (https://www.bbc.co.uk/academy/en/articles/art20180313141008154/) [accessed on 6 July 2020].
Cannon, John C. [2017], "FSC mulls rule change to allow certification for recent deforesters," MONGBAY website.（＝2017，Hitomi Takehara 訳「FSC（森林管理協議会）が近年の伐採業者に認証を与えるため基準変更検討」，MONGBAY ウェブサイト（https://jp.mongabay.com/2017/11/fsc/）［アクセス：2020年6月1日］.）
detiknews (Chaidir Anwar Tanjung) [2016], "Ilmuwan Jepang Teliti Hutan di Riau, ini Temuan Mereka soal Keragaman Flora," *detiknews*, 17 March 2016 (http://news.detik.com/berita/3166920/ilmuwan-jepang-teliti-hutan-di-riau-ini-temuan-mereka-soal-keragaman-flora/) [accessed on 6 July 2020].
Devine, Jennifer A. and Jenny A. Baca [2020], "The Political Forest in the Era of Green Neoliberalism," *ANTIPODE*, 52(4): 911–927.
DNV GL [2016], "Extraordinary action needed to achieve the Sustainable Development

Goals," DNV GL website (https://www.dnvgl.com/news/extraordinary-action-needed-to-achieve-the-sustainable-development-goals-76661/) [accessed on 29 June 2020].

FAO [2018], *Global Forest Resources Assessment 2020: Terms and Definitions FRA 2020*, Rome: FAO (http://www.fao.org/3/I8661EN/i8661en.pdf) [accessed on 30 November 2020].

Harvey, David [2010], *A companion to Marx's Capital*, New York/London: Verso. (＝2011, 森田成也・中村好孝訳『〈資本論〉入門』作品社.)

ITTO (International Tropical Timber Organization) [2016], "Criteria and indicators for the sustainable management of tropical forests," ITTO website (https://www.itto.int/direct/topics/topics_pdf_download/topics_id=4872&no=1&disp=inline) [accessed on 30 June 2020].

Kementerian Kehutanan [2014], *Data dan Informasi Pemanfaatan Hutan Tahun 2013*, Jakarta: Kementerian Kehutanan.

Luhmann, Niklas [1968], *Vertrauen: Ein Mechanismus der Reduktion sozialer Komplexität*, Stuttgart: Enke. (＝1990, 大庭健・正村俊之訳『信頼——社会的な複雑性の縮減メカニズム』勁草書房.)

Nature [2018], "Nature journals tighten rules on non-financial conflicts," *Nature*, 31 January 2018. (＝2018, 菊川要訳「外部の利益との相反を研究論文に明示する」,『Nature ダイジェスト』15(5): 38.)

Pariser, Eli [2011], *The Filter Bubble: What the Internet Is Hiding from You*, New York: Penguin Press. (＝2016, 井口耕二訳『フィルターバブル——インターネットが隠していること』ハヤカワ文庫NF.)

Peluso, Nancy Lee and Peter Vandergeest [2001], "Genealogies of the Political Forest and Customary Rights in Indonesia, Malaysia, and Thailand," *The Journal of Asian Studies*, 60(3): 761–812.

REPUBLIKA (Erik Purnama Putra) [2016], "Peneliti Jepang Teliti Kawasan Konservasi di Siak," *REPUBLIKA*, 17 March 2016 (https://nasional.republika.co.id/berita/nasional/daerah/16/03/16/o44vhs334-peneliti-jepang-teliti-kawasan-konservasi-di-siak/) [accessed on 6 July 2020].

Vandergeest, Peter and Nancy Lee Peluso [2015], "Political Forests," in Raymond L. Bryant ed., *The International Handbook of Political Ecology*, Cheltenham: Edward Elgar Publishing, pp. 162–175.

WWF-Indonesia [2018], "WWF advisory to buyers and investors of the Sinar Mas Group/Asia Pulp & Paper (SMG/APP)," WWF-Indonesia website. (＝2018, WWFジャパン訳

「SMG/APP社の購入企業及び投資家へのアドバイザリー」, WWFジャパンウェブサイト (https://www.wwf.or.jp/activities/data/20180822wildlife02.pdf)［アクセス：2020年5月29日］.）

■ コラムA

Greenpeace International [2018], "Greenpeace slams APP/Sinar Mas over links to deforestation, ends all engagement with company," Greenpeace website (https://www.greenpeace.org/international/press-release/16535/greenpeace-slams-app-sinar-mas-over-links-to-deforestation-ends-all-engagement-with-company/) [accessed on 3 October 2020].

Wright, Stephen [2017], "AP Exclusive: Pulp giant tied to companies accused of fires," *AP News*, 20 December 2017 (https://apnews.com/article/fd4280b11595441f81515daef0a951c3/) [accessed on 3 October 2020].

■ コラムB

佐藤仁［2019］『反転する環境国家――「持続可能性」の罠をこえて』名古屋大学出版会.

日経BP社経営本部広告部［2016］「課題となる貧困解決・多民族社会での住民理解　誰もが不可能と見たスマトラ森林保全――未来を拓いたのはAPP」，日経ビジネスオンライン Special（http://www.composite-view.jp/nbo_app/index.html）［アクセス：2020年10月25日］.

Eyes on the Forest [2015], "Continuing fires in SMG/APP concessions put their wood supply, peatland sustainability in question," Eyes on the Forest website (https://www.eyesontheforest.or.id/news/continuing-fires-in-smgapp-concessions-put-their-wood-supply-peatland-sustainability-in-question/) [accessed on 25 October 2020].

Miettinen, Jukka, Chenghua Shi and Soo Chin Liew [2017], "Fire Distribution in Peninsular Malaysia, Sumatra and Borneo in 2015 with Special Emphasis on Peatland Fires," *Environmental Management*, 60: 747–757.

■ 第三章

河合真之［2011］「地域発展戦略としての『緩やかな産業化』の可能性――インドネシア共和国東カリマンタン州を事例として」東京大学大学院農学生命科学研究科・博士論文.

田中耕司［1990］「プランテーション農業と農民農業」，高谷好一編『東南アジアの自然』弘文堂，247–282頁.

寺内大左［2010］「ボルネオ焼畑民の生業戦略――ラタンからゴムへ，そしてアブラヤシ

へ?」，三俣学・菅豊・井上真編『ローカル・コモンズの可能性――自治と環境の新たな関係』ミネルヴァ書房，89–114頁．
寺内大左［2011］「東カリマンタンにおけるアブラヤシ生産最前線(1)」，『海外の森林と林業』80: 41–46.
寺内大左・説田巧・井上真［2010］「ラタン，ゴム，アブラヤシに対する焼畑民の選好――インドネシア・東カリマンタン州ベシ村を事例として」，『日本森林学会誌』92(5): 247–254.
永田淳嗣・新井祥穂［2006］「スマトラ中部・リアウ州における近年の農園開発――研究の背景と方法・論点」，『東京大学人文地理学研究』17: 51–60.
Brandi, Clara [2016], "Sustainability Standards and Sustainable Development: Synergies and Trade-Offs of Transnational Governance," *Sustainable Development*, 25(1): 25–34.
Brandi, Clara, Tobia Cabani, Christoph Hosang, Sonja Schirmbeck, Lotte Westermann and Hannah Wiese [2015], "Sustainability Standards for Palm Oil: Challenges for Smallholder Certification under the RSPO," *The Journal of Environment & Development*, 24(3): 292–314.
de Jong, Wil [1997], "Developing swidden agriculture and the threat of biodiversity loss," *Agriculture, Ecosystems & Environment*, 62(2–3): 187–197.
DJPKP (Direktorat Jenderal Perkebunan Kementerian Pertanian) [2014], *Pedoman Budidaya Kelapa Sawit (Elais guineensis) yang Baik*, Jakarta: Direktorat Jenderal Perkebunan Kementerian Pertanian.
DJPKP (Direktorat Jenderal Perkebunan Kementerian Pertanian) [2019], *Statistik Perkebunan Indonesia 2018–2020: Kelapa Sawit*, Jakarta: Direktorat Jenderal Perkebunan Kementerian Pertanian.
Gouyon, Anne, Hubert de Foresta and Patrice Levang [1993], "Does 'jungle rubber' deserve its name? An analysis of rubber agroforestry systems in southeast Sumatra," *Agroforestry Systems*, 22(3): 181–206.
Indonesian Smallholder Working Group [2010], "Interpretasi Nasional Prinsip & Kriteria RSPO untuk Produksi Minyak Sawit Berkelanjutan: Untuk Petani Kelapa Sawit Swadaya Republik Indonesia," Roundtable on Sustainable Palm Oil (RSPO).
Koh, Lian Pin, Patrice Levang and Jaboury Ghazoul [2009], "Designer landscapes for sustainable biofuels," *Trends in Ecology & Evolution*, 24(8): 431–438.
Marti, Serge [2008], *Losing Ground: The Human Rights Impacts of Oil Palm Plantation Expansion in Indonesia*, London: Friends of the Earth (https://www.foei.org/wp-content/

uploads/2014/08/losingground.pdf) [accessed on 31 March 2020].

Michon, Geneviève [2005], *Domesticating forests: How farmers manage forest resources*, Bogor, Indonesia: Center for International Forestry Research.

Penot, Eric [2004], "From shifting agriculture to sustainable complex rubber agroforestry systems (jungle rubber) in Indonesia: A history of innovation processes," in Didier Babin ed., *Beyond Tropical Deforestation: From Tropical Deforestation to Forest Cover Dynamics and Forest Development*, Paris: UNESCO and CIRAD, pp. 221–249.

Potter, Lesley M. [2016], "Alternative Pathways for Smallholder Oil Palm in Indonesia: International Comparisons," in Rob Cramb and John F. McCarthy eds., *The Oil Palm Complex: Smallholders, Agribusiness and the State in Indonesia and Malaysia*, Singapore: National University of Singapore Press, pp. 155–188.

RSPO (Roundtable on Sustainable Palm Oil) [2010], "RSPO Principles and Criteria for Sustainable Palm Oil Production: Guidance for Independent Smallholders under Group Certification," RSPO.

RSPO (Roundtable on Sustainable Palm Oil) [2017], "RSPO Strategy for Smallholder Inclusion: Objectives, Outputs & Implementation," RSPO.

RSPO (Roundtable on Sustainable Palm Oil) [2018], "RSPO Principles and Criteria: For the Production of Sustainable Palm Oil 2018," RSPO.

RSPO (Roundtable on Sustainable Palm Oil) [2019], "RSPO Independent Smallholder Standard: For the Production of Sustainable Palm Oil 2019," RSPO.

Sheil, Douglas, Anne Casson, Erik Meijaard, Meine van Noordwijk, Joanne Gaskell, Jacqui Sunderland-Groves, Karah Wertz and Markku Kanninen [2009], *The Impacts and Opportunities of Oil Palm in Southeast Asia: What do We Know and What do We Need to Know?*, Occasional Paper No.51, Bogor, Indonesia: Center for International Forestry Research.

Terauchi, Daisuke and Makoto Inoue [2011], "Changes in cultural ecosystems of a swidden society caused by the introduction of rubber plantations," *Tropics*, 19(2): 67–83.

Terauchi, Daisuke, Ndan Imang, Martinus Nanang, Masayuki Kawai, Mustofa Agung Sardjono, Fadjar Pambudhi and Makoto Inoue [2014], "Implication for Designing a REDD+ Program in a Frontier of Oil Palm Plantation Development: Evidence in East Kalimantan, Indonesia," *Open Journal of Forestry*, 4: 259–277.

Thomas, Kenneth D. [1965], "Shifting cultivation and smallholder rubber production in a South Sumatran village," *The Malayan Economic Review*, 10(1): 100–115.

■ 第四章

浦野真理子［2013］「インドネシアのアブラヤシ農園で働く人々——大規模農園開発による雇用創出と貧困解決」，『北星学園大学経済学部北星論集』52(2): 251–264.

Amnesty International [2016], "The great palm oil scandal: Labour abuses behind big brand names," Amnesty International website (https://www.amnesty.org/download/Documents/ASA2151842016ENGLISH.PDF) [accessed on 11 October 2020].

Cramb, Rob and John F. McCarthy eds. [2016], *The Oil Palm Complex: Smallholders, Agribusiness and the State in Indonesia and Malaysia*, Singapore: National University of Singapore Press.

EIA (Environmental Investigation Agency) [2015], "Who Watches the Watchmen?: Auditors and the breakdown of oversight in the RSPO," EIA website (https://eia-international.org/wp-content/uploads/EIA-Who-Watches-the-Watchmen-FINAL.pdf) [accessed on 10 May 2020].

GAPKI (Gabungan Pengusaha Kelapa Sawit Indonesia) [2016], "Industri Minyak Sawit Merupakan Industri Strategis Nasional," GAPKI website (https://gapki.id/news/1860/industri-minyak-sawit-merupakan-industri-strategis-nasional/) [accessed on 11 October 2020].

Greenpeace International [2013], "Certifying Destruction: Why consumer companies need to go beyond the RSPO to stop forest destruction," Greenpeace International (https://wayback.archive-it.org/9650/20200417013540/http://p3-raw.greenpeace.org/international/Global/international/publications/forests/2013/Indonesia/RSPO-Certifying-Destruction.pdf) [accessed on 11 October 2020].

KOMPAS (Bambang Priyo Jatmiko) [2018], "Kementerian Pertanian: Lahan Sawit Indonesia Capai 14,03 Juta Hektare," *KOMPAS*, 26 February 2018 (https://ekonomi.kompas.com/read/2018/02/26/203000426/kementerian-pertanian--lahan-sawit-indonesia-capai-14-03-juta-hektare/) [accessed on 11 October 2020].

OPPUK, Rainforest Action Network and ILRF [2016], "The Human Cost of Conflict Palm Oil: Indofood, PepsiCo's Hidden Link to Worker Exploitation in Indonesia," ILRF website (https://laborrights.org/sites/default/files/publications/The_Human_Cost_of_Conflict_Palm_Oil.pdf) [accessed on 10 May 2020].

OPPUK, Rainforest Action Network and ILRF [2017], "The Human Cost of Conflict Palm Oil Revisited: How PepsiCo, Banks, and the Roundtable on Sustainable Palm Oil Perpetuate Indofood's Worker Exploitation," Rainforest Action Network website (https://www.ran.

org/wp-content/uploads/2018/06/Human_Cost_Revisited_vWEB.pdf) [accessed on 10 May 2020].

Rainforest Action Network [2019], "Citigroup Cancels Financing of Indonesian Food Giant Indofood Over Palm Oil Labor Abuses," June 17, 2019.（＝2019,「プレスリリース：米シティグループ，パーム油大手インドフードへの融資を停止――アブラヤシ農園での労働問題を巡って」, Rainforest Action Network ウェブサイト（http://japan.ran.org/?p=1453）［アクセス：2020年10月11日］.）

RSPO (Roundtable on Sustainable Palm Oil) [2018a], "RSPO Principles and Criteria: For the Production of Sustainable Palm Oil 2018," RSPO (https://rspo.org/principles-and-criteria-review/) [accessed on 11 October 2020].

RSPO (Roundtable on Sustainable Palm Oil) [2018b], "RSPO Impact Report 2018," RSPO website (https://rspo.org/key-documents/impact-reports/) [accessed on 11 October 2020].

RSPO (Roundtable on Sustainable Palm Oil) [n.d.], "Status of Complaints," RSPO website (https://askrspo.force.com/Complaint/s/case/50090000028ErzBAAS/) [accessed on 25 August 2020].

Sawit Watch [2016], "Pelanggaran dan Pengabaian Hak Ekonomi Sosial Buruh Perkebunan Kelapa Sawit di Indonesia," Sawit Watch website (https://sawitwatch.or.id/2016/02/09/catatan-singkat-akhir-tahun-perburuhan-sawit-watch-2015/) [accessed on 11 October 2020].

TEMPO (Kartika Anggraeni) [2018], "Bappenas: Industri Kelapa Sawit Serap 16,2 Juta Tenaga Kerja," *TEMPO*, 2 November 2018 (https://bisnis.tempo.co/read/1142496/bappenas-industri-kelapa-sawit-serap-162-juta-tenaga-kerja/) [accessed on 11 October 2020].

The Wall Street Journal (Syed Zain Al-Mahmood) [2015], "Palm-Oil Migrant Workers Tell of Abuses on Malaysian Plantations," *The Wall Street Journal*, 26 July 2015.（＝2015,「マレーシアのパーム油産業，人身売買の温床に」,『ウォール・ストリート・ジャーナル』日本語版ウェブサイト，2015年7月29日（https://jp.wsj.com/articles/SB10087023822292513792204581137680616196182/）［アクセス：2020年5月10日］.）

United States Department of Labor [2018], "2018 List of Goods Produced by Child Labor or Forced Labor," DOL website (https://www.dol.gov/sites/dolgov/files/ILAB/ListofGoods.pdf) [accessed on 11 October 2020].

Verité [2019], "Commodity Atlas: Palm Oil," Verité website (https://www.verite.org/project/palm-oil/) [accessed on 10 May 2020].

■ コラムC

笹岡正俊［2012］「社会的に公正な生物資源保全に求められる『深い地域理解』――『保全におけるシンプリフィケーション』に関する一考察」，『林業経済』65(2): 1–18.

Barney, Keith [2014], "Ecological Knowledge and the Making of Plantation Concession Territories in Southern Laos," *Conservation and Society*, 12(4): 352–363.

Goldman, Mara [2003], "Partitioned Nature, Privileged Knowledge: Community-based Conservation in Tanzania," *Development and Change*, 34(5): 833–862.

Peluso, Nancy Lee [1992], *Rich Forests, Poor People: Resource Control and Resistance in Java*, California: University of California Press.

Peluso, Nancy Lee and Peter Vandergeest [2001], "Genealogies of the Political Forest and Customary Rights in Indonesia, Malaysia, and Thailand," *The Journal of Asian Studies*, 60(3): 761–812.

Vandergeest, Peter and Anusorn Unno [2012], "A new extraterritoriality? Aquaculture certification, sovereignty, and empire," *Political Geography*, 31(6): 358–367.

Vandergeest, Peter and Nancy Lee Peluso [2015], "Political Forests," in Raymond L. Bryant ed., *The International Handbook of Political Ecology*, Cheltenham: Edward Elgar Publishing, pp. 162–175.

Whitington, Jerome [2012], "The Institutional Condition of Contested Hydropower: The Theun Hinboun–International Rivers Collaboration," *Forum for Development Studies*, 39(2): 231–256.

■ 第五章

海外林業コンサルタンツ協会［2013］「2013年版 開発途上国の森林・林業」，海外林業コンサルタンツ協会ウェブサイト（http://www.jofca.or.jp/publication/#2013kaihatu/）［アクセス：2020年10月25日］.

川村晃一［2018］「インドネシアにおける民主主義の安定と憲法裁判所」，『社会イノベーション研究』13(2): 99–120.

環境省［2014］「森林保全の制度：インドネシア共和国」，環境省ウェブサイト（http://www.env.go.jp/nature/shinrin/fpp/communityforestry/index3.html）［アクセス：2020年5月1日］.

黒柳晴夫［2014］「インドネシアにおける地方分権化の後退――1999年地方行政法から2004年地方行政法への村落自治組織の再々編」，『椙山女学園大学研究論集 社会科学篇』45: 97–118.

相楽美穂・庄野眞一郎・川上豊幸［2015］「FPICをめぐる論点とその森林分野での対応

——ガイドラインの比較分析を通して」,『林業経済』68(3): 1–17.
島上宗子[2012]「インドネシア分権化時代の村落改革——『村落自治』をめぐる理念と現実」,船津鶴代・永井史男編『変わりゆく東南アジアの地方自治』アジア経済研究所,67–104頁.
全国木材組合連合会[2009]「合法性・持続可能性証明木材供給事例調査事業　インドネシア・マレーシアにおける海外現地調査報告書」,全国木材組合連合会ウェブサイト(https://www.goho-wood.jp/kyougikai/pdf/h20report-2-1-3.pdf)[アクセス:2020年10月25日].
ハイネケン,ハナ[2019]「日本の3メガバンクを含むアジアの銀行.パーム油問題企業の『インドフード』への融資を増加 ～欧米銀行の融資停止を穴埋め～」,環境金融研究機構ウェブサイト(http://rief-jp.org/blog/97268/)[アクセス:2020年7月1日].
原田公[2014a]「インドネシア・リアウ州の村落林——内在する課題に取り組む二つのコミュニティ」,JATAN ウェブサイト(http://www.jatan.org/archives/3074/)[アクセス:2020年10月25日].
原田公[2014b]「日本でいちばん売られているコピー用紙の原料調達地を訪ねる　インドネシア・ジャンビ州——収奪された農地を深い覚悟で取り戻すことを決意した農民たちの戦い」,JATAN ウェブサイト(http://www.jatan.org/archives/3124/)[アクセス:2020年10月25日].
平石努,Fallissa Ananda Putri, Gita Armarosa Sembiring[2016]「インドネシアにおける裁判所の判決公開に関する調査研究」,法務省ウェブサイト(http://www.moj.go.jp/content/001202475.pdf)[アクセス:2020年10月25日].
星野一正[2003]『インフォームド・コンセント——患者が納得し同意する診療』丸善.
APPジャパン[2019]「APP森林保護方針 進捗報告書 2019年3月」,APPジャパンウェブサイト(http://www.app-j.com/topics/attach//2019/07/1903_low-reso-FCP.pdf)[アクセス:2020年10月25日].
AFA (Asian Farmers Association for Sustainable Rural Development) et al. [2012], "AFA Cases on Large Scale Land Acquisition in Asia," AFA website (http://asianfarmers.org/afaresearches0876dlsj/2012-10landrights.pdf) [accessed on 25 October 2020].
Anderson, Patrick, Harry Oktavian and Rudiansyah [2014], "Lessons Learned from the Conflict, Negotiations and Agreement between Senyerang Village and PT Wira Karya Sakti," Forest Peoples Programme website (https://www.forestpeoples.org/sites/fpp/files/private/publication/2014/12/senyerang-wks-agreementenglish.pdf) [accessed on 25 October 2020].
APP (Asia Pulp and Paper) [2013], "APP's Forest Conservation Policy," BankTrack website

(https://www.banktrack.org/download/apps_forest_conservation_policy/190402_app_forest_conservation_policy_final_englishfeb2013.pdf) [accessed on 25 October 2020].

Baffoni, Sergio [2020], "New community rights violations by APP in Indonesia met by strong response from 90 environmental and human rights organisations," Environmental Paper Network website (https://environmentalpaper.org/2020/05/new-community-rights-violations-by-app-in-indonesia-met-by-strong-response-from-90-environmental-and-human-rights-organisations/) [accessed on 25 October 2020].

Colchester, Marcus and Fergus MacKay [2004], *In Search of Middle Ground: Indigenous Peoples, Collective Representation and the Right to Free, Prior and Informed Consent*, Forest Peoples Programme (http://www.forestpeoples.org/sites/fpp/files/publication/2010/10/fpicipstex-tonlyaug04eng.pdf) [accessed on 25 October 2020].

Dhiaulhaq, Ahmad, John F. McCarthya and Yurdi Yasmi [2018], "Resolving industrial plantation conflicts in Indonesia: Can mediation deliver?," *Forest Policy and Economics*, 91: 64–72.

FPP (Forest Peoples Programme), Scale Up and Walhi Jambi [2015], "Verification Report on Grievance thorough report 'Lessons Learned from the Conflict, Negotiations and Agreement between Senyerang Village and PT Wirakarya Sakti'," APP website 'fcpmonitoring.com' (http://www.fcpmonitoring.com/Pages/OpenPDF.aspx?id=1036) [accessed on 25 October 2020].

Hidayat, Herman, Herry Yogaswara, Tuti Herawati, Patricia Blazey, Stephen Wyatt and Richard Howitt [2018], "Forests, law and customary rights in Indonesia: Implications of a decision of the Indonesian Constitutional Court in 2012," *Asia Pacific Viewpoint*, 59(3): 293–308.

HuMa et al. [2015], "APP's Performance in Meeting its Social Responsibility Commitments," Forest Peoples Programme website (http://www.forestpeoples.org/sites/fpp/files/news/2015/01/ExecutiveSummary_APP_20140114_FINAL_SK_reduced%20size.pdf) [accessed on 25 October 2020].

Jong, Hans Nicholas [2020], "Conflict between Indonesian villagers, pulpwood firm flares up over crop-killing drone," Mongabay website (https://news.mongabay.com/2020/04/conflict-between-indonesian-villagers-pulpwood-firm-flares-up-over-crop-killing-drone/) [accessed on 25 October 2020].

Kiezebrink, Vincent, Mark van Dorp, Y. Wasi Gede Puraka and Ayudya Anzas [2017], *The two hats of public security actors in Indonesia: Protecting human rights or preserving business interests? Case research in the palm oil and logging sector*, Amsterdam: SOMO and Inkrispena.

Koalisi Anti Mafia Hutan, Woods & Wayside International, Haki, WWF, WALHI, Wetlands International, Eyes on the Forest, Yauriga, Forest Peoples Programme, Jikalahari, Elsam, and Rainforest Action Network [2014], "Will Asia Pulp & Paper Default on its "Zero Deforestation" Commitment?: An Assessment of Wood Supply and Plantation Risk for PT OKI Pulp & Paper Mills' Mega-scale Project in South Sumatra, Indonesia," WWF website (http://assets.worldwildlife.org/publications/871/files/original/OKI-Mill-Report.pdf) [accessed on 25 October 2020].

Rainforest Alliance [2015], "An Evaluation of Asia Pulp & Paper's Progress to Meet its Forest Conservation Policy (2013) and Additional Public Statements," Rainforest Alliance (http://www.rainforest-alliance.org/business/sites/default/files/uploads/4/150205-Rainforest-Alliance-APP-Evaluation-Report-en.pdf) [accessed on 25 October 2020].

Rosenbarger, Anne, Beth Gingold, Rauf Prasodjo, Ariana Alisjahbana, Andika Putraditama and Dewi Tresya [2013], *How to Change Legal Land Use Classifications to Support More Sustainable Palm Oil Production in Indonesia*, World Resources Institute (https://www.wri.org/publication/how-change-legal-land-use-classifications-support-more-sustainable-palm-oil-production/) [accessed on 25 October 2020].

Samsudin, Yusuf Bahtimi and Romain Pirard [2014], "Conflict mediation in industrial tree plantations in Indonesia: Status and prospects," *CIFOR infobrief*, 108, Center for International Forestry Research.

Suparto [2019], "The Position of Customary Forests in Indonesia after Constitutional Court's Decision No. 35/PUU-X/2012," *International Journal of Innovation, Creativity and Change*, 10(5): 160–170.

▣ 第六章

Colchester, Marcus [2010], *Free, Prior and Informed Consent: Making FPIC Work for Forests and Peoples*, New Haven, CT: The Forests Dialogue.

Franco, Jennifer [2014], *Reclaiming Free Prior and Informed Consent (FPIC) in the Context of Global Land Grabs*, Transnational Institute for Hands-Off the Land Alliance.

Fujiwara, Emiko [2020], "The Impact of the Oil Palm on *Adat* Social Structure and Authority: The Case of the Medang People, Indonesia," *The Asia Pacific Journal of Anthropology*, 21(2): 140–158.

U.S. Department of State [n.d.], "Announcement of U.S. Support for the United Nations Declaration on the Rights of Indigenous Peoples: Initiatives to Promote the Government-

to-Government Relationship and Improve the Lives of Indigenous Peoples," (https://www.achp.gov/sites/default/files/whitepapers/2018-09/AnnouncementofUSSupportfortheUNDRIP.pdf) [accessed on 18 September 2020].

▣ コラムD

三柴淳一［2019］「熱帯木材の"違法リスク"に十分な配慮を」，森林環境研究会編，原田一宏・井上真責任編集［2020］『森林環境 2020——暮らしの中の熱帯』森林文化協会，4–7頁．

FoEジャパン［2017］「〈プレスリリース〉熱帯林の破壊及び人権侵害につながる疑いのある合板の使用について緊急の調査を要請 ～新国立競技場建設で～」，FoEジャパンウェブサイト（https://www.foejapan.org/forest/library/170421.html）［アクセス：2020年10月25日］．

▣ 第七章

安部竜一郎［2001］「環境問題が立ち現れるとき——ポリティカル・エコロジーへの構築主義アプローチの導入」，『相関社会科学』11: 34–50.

笹岡正俊［2020］「強制排除された『不法占拠者』の生活再建に対する社会的責任——インドネシア南スマトラ州の産業造林事業地における強制排除事件を事例に」，『白山人類学』23: 73–102.

徳川信治［2010］「国際人権法における住居についての権利——強制立ち退き問題の関わりの中で」，『立命館法学』333/334: 2376–2400.

丸紅［n.d.］「丸紅グループ人権基本方針」，丸紅ウェブサイト（https://www.marubeni.com/jp/sustainability/social/human_rights/）［アクセス：2021年1月25日］．

丸紅パルプ部［2018］「MHP社に関するお問い合わせについて(2)」（筆者が送付した質問状に対する回答［2018年10月18日付］）（未公表資料）．

横田康裕・井上真［1996］「インドネシアにおける産業造林型移住事業——南スマトラにおける事例調査を中心として」，『東京大学農学部演習林報告』95: 209–246.

Badan Pusat Statistik [2018], *Hasil Survei Pertanian Antar Sensus Sutas 2018*, Jakarta: Badan Pusat Statistik.

Badan Pusat Statistik Kabupaten Musi Rawas [2011], *Kabupaten Musi Rawas Dalam Angka 2010*, Lubuk Linngau: BPS Kabupaten Musi Rawas.

Fairhead, James, Melissa Leach and Ian Scoones [2012], "Green Grabbing: A New Appropriation of Nature?," *The Journal of Peasant Studies*, 39(2): 237–261.

Silalahi, Mangarah and Desri Erwin [2015], "Collaborative Conflict Management on Ecosystem Restoration Concession: Lessons Learnt from Harapan Rainforest Jambi-south Sumatra-Indonesia," *Forest Research*, 4(1) (DOI: 10.4172/2168-9776.1000134).

WALHI Sumatra Selatan [2015], "Mengutuk Tindak Kekerasan dan pengusuran lahan yang dilakukan PT. Musi Hutan Persada (Marubeni Coorporation) bersama aparat Kepolisian, TNI dan POLHUT," Walhi Sumsel website (http://walhi-sumsel.blogspot.jp/2015/07/siaran-pers-mengutuk-tindak-kekerasan.html) [accessed on 5 July 2020].

▣ 第八章

エイプリル社［n.d.］「持続可能性／保全／泥炭地管理」，APRIL 日本語ウェブサイト（https://www.aprilasia.com/jp/sustainability/conservation/）［アクセス：2020年4月7日］.

日本舶用工業会・日本船舶技術研究協会［2017］「東南アジア漁船市場調査」，日本船舶技術研究協会ウェブサイト（https://www.jstra.jp/html/PDF/seamarket.pdf）［アクセス：2020年10月25日］.

原田公［2013］「リアウ州で最初の『村落林』，登録される』，JATAN ウェブサイト（http://www.jatan.org/archives/2471/）［アクセス：2020年4月9日］.

原田公［2014］「インドネシア・リアウ州の村落林――内在する課題に取り組む二つのコミュニティ」，JATAN ウェブサイト（http://www.jatan.org/archives/3074/）［アクセス：2020年4月9日］.

原田公［2018］「《環境保全》という名の土地収奪」，『麻布大学雑誌』29: 45–57.

原田公［2019］「REDD+を離脱した生態系修復コンセッション――ハラパン熱帯林プロジェクトの土地権をめぐる抗争」，JATAN ウェブサイト（http://www.jatan.org/archives/4773/）［アクセス：2020年4月9日］.

矢野英基［2008］「先住民の森で違法伐採　続く企業との摩擦　インドネシア」，『朝日新聞』2008年12月5日朝刊.

Afiff, Suraya A. [2016], "REDD, land management and the politics of forest and land tenure reform with special reference to the case of Central Kalimantan province," in John McCarthy and Kathryn Robinson eds., *Land and Development in Indonesia: Searching for the People's Sovereignty*, Singapore: Yusof Ishak Institute (ISEAS), pp. 113–140.

Akiefnawati, Ratna, Grace B. Villamor, F. Zulfikar, I. Budisetiawan, Elok Mulyoutami and Meine van Noordwijk [2010], "Stewardship Agreement to Reduce Emissions from Deforestation and Degradation (REDD): Case Study from Lubuk Beringin's Hutan Desa, Jambi Province, Sumatra, Indonesia," *International Forestry Review*, 12(4), 349–360.

Ali, Made [2013], "RAPP Luncurkan Program Restorasi Ekosistem, Namun Lanjutkan Pembabatan Hutan Pulau Padang," MONGBAY website (https://www.mongabay.co.id/2013/05/10/rapp-luncurkan-program-restorasi-ekosistem-namun-lanjutkan-pembabatan-hutan-pulau-padang/) [accessed on 7 April 2020].

ANGOC (Asian NGO Coalition for Agrarian Reform and Rural Development) and LWA (Land Watch Asia) [2019], *State of Land Rights and Land Governance in Eight Asian Countries: Forty Years after the World Conference on Agrarian Reform and Rural Development*, Quezon City, Philippines: ANGOC.

Banks, David J. [1982], "The Role of Spirit Beliefs and Islam in the 20th-Century Malay Villagers' Idea of Ultimate Reality," *Ultimate Reality and Meaning*, 5(4): 314–327.

Budiono, Rahmat, Bramasto Nugroho, Hardjanto and Dodik Ridho Nurrochmat [2018], "The Village Forest as A Counter Teritorialization by Village Communities in Kampar Peninsula Riau," *Jurnal Manajemen Hutan Tropika*, 24(3), 115–125.

Colchester, Marcus et al. [2006], *Justice in the forest: Rural livelihoods and forest law enforcement*, Bogor, Indonesia: Center for International Forestry Research (CIFOR).

Colchester, Marcus, Patrick Anderson and Sophie Chao [2014], *Assault on the Commons: Deforestation and the Denial of Forest Peoples' Rights in Indonesia*, Moreton-in-Marsh, UK: Forest Peoples Programme.

EEPN (European Environmental Paper Network) [2015], "Deforestation and social conflict: A summary of recent monitoring of Asia Pacific Resources International Limited (APRIL)'s impacts in Indonesia," EEPN website (https://environmentalpaper.org/wp-content/uploads/2015/02/APRIL-monitoring-factsheet-Feb-2015.pdf) [accessed on 25 October 2020].

Eyes on the Forest [2011], "Ex-district head sentenced for forestry corruption case," Eyes on the Forest website (https://www.eyesontheforest.or.id/news/exdistrict-head-sentenced-for-forestry-corruption-case/) [accessed on 24 May 2020].

Eyes on the Forest [2012], "APP, APRIL and Corruption - Buyers Beware!," Eyes on the Forest website (http://eyesontheforest.or.id/uploads/default/news/attachment/14940489380KLAKH-04May12-Factsheet-APP-APRIL-and-Corruption.pdf) [accessed on 25 October 2020].

Eyes on the Forest [2013], "Riau Governor tried for issuing permits to pulp suppliers," Eyes on the Forest website (https://www.eyesontheforest.or.id/news/riau-governor-tried-for-issuing-permits-to-pulp-suppliers/) [accessed on 9 April 2020].

Hooijer, A., R. Vernimmen, N. Mawdsley, S. Page, D. Mulyadi and M. Visser [2015], "Assessment of Impacts of Plantation Drainage on the Kampar Peninsula Peatland," Deltares Report 1207384 to Wetlands International, CLUA and Norad.

KORAN TENPO [2009], "M.S. Kaban Dilaporkan ke KPK," *KORAN TENPO*, 14 December 2009 (https://koran.tempo.co/read/nusa/184732/kontroversi-izin-hutan-industri-pt-rappm-s-kaban-dilaporkan-ke-kpk?) [accessed on 24 May 2020].

KORINDO [2019], "With KIFC, Tunas Sawa Erma Supports Peatland Conservation in Riau," KORINDO website (https://www.korindo.co.id/with-kifc-tunas-sawa-erma-supports-peatland-conservation-in-riau/) [accessed on 7 April 2020].

Potret24.com [2018], "19 Tersangka Illegal Logging Ditangkap Polda Riau," *Potret24.com*, 11 October 2018 (https://potret24.com/artikel/19-tersangka-illegal-logging-ditangkap-polda-riau/) [accessed on 26 May 2020].

Restorasi Ekosistem Riau [2019], "Progress Report 2018: Restorasi Ekosistem Riau," Restorasi Ekosistem Riau website (https://www.rekoforest.org/wp-content/uploads/2019/05/edit_RER_201829-MAY.pdf) [accessed on 7 April 2020].

Salim, M. Nazir [2013], ""Menjarah" Pulau Gambut: Konflik dan Ketegangan di Pulau Padang," *Bhumi*, 37(12): 96–121.

Sani, Abdullah [2018], "19 Pelaku pembalakan liar di hutan Pelalawan dibekuk polisi," Merdeka.com website (https://www.merdeka.com/peristiwa/19-pelaku-pembalakan-liar-di-hutan-pelalawan-dibekuk-polisi.html) [accessed on 9 April 2020].

Santika, Truly et al. [2017], "Community forest management in Indonesia: Avoided deforestation in the context of anthropogenic and climate complexities," *Global Environmental Change*, 46: 60–71.

Scott, James C. [2014], *Two Cheers for Anarchism: Six Easy Pieces on Autonomy, Dignity, and Meaningful Work and Play*, Princeton: Princeton University Press.（＝2017，清水展・日下渉・中溝和弥訳『実践　日々のアナキズム――世界に抗う土着の秩序の作り方』岩波書店.）

Sembiring, Boy Jerry Even [2015], "Penerbitan Izin PT. RAPP di Pulau Padang (Analisis Kebijakan dan Sosiologi Konflik)," *Jurnal Selat*, 3(1): 354–371.

Supriatin [2012], "Pengelolaan Kolaboratif Ekosistem Hutan Gambut Semenanjung Kampar, Provinsi Riau," Institut Pertanian Bogor, Tesis Magister.

Suryadi and Zamzami [2019], "Harimau dan Jagawana Terkena Jerat di Areal Restorasi RAPP, Berikut Foto-fotonya...," *MONGBAY*, 28 March 2019 (https://www.mongabay.

co.id/2019/03/28/harimau-dan-jagawana-terkena-jerat-di-areal-restorasi-rapp-berikut-foto-fotonya/) [accessed on 7 April 2020].

Suwarno, Eno, Hariadi Kartodihardjo, Lala M. Kolopaking and Sudarsono Soedomo [2014], "Institutional Obstacles on the Development of Forest Management Unit: The Case of Indonesian Tasik Besar Serkap," *American Journal of Environmental Protection*, 2(2): 41–50.

Tarmizi S. H. [2019], "Legal Implication of Plantation Concessions during the Dutch Colonialism on the Contemporary Land Governance and Civil Rights," *Journal of Legal, Ethical and Regulatory Issues*, 22(2).

White, Rob D. [2012], "Land theft as rural eco-crime," *International Journal of Rural Criminology*, 1(2): 203–217.

Wikipedia "Bagansiapiapi," (https://en.wikipedia.org/wiki/Bagansiapiapi/) [accessed on 26 May 2020].

誰のための熱帯林保全か
——現場から考えるこれからの「熱帯林ガバナンス」

2021年3月15日　初版第1刷発行©

編　者＝笹岡正俊，藤原敬大
発行所＝株式会社 新 泉 社
〒113-0034　東京都文京区湯島1－2－5　聖堂前ビル
TEL 03(5296)9620　FAX 03(5296)9621

印刷・製本　萩原印刷
ISBN978-4-7877-2103-7　C1036　Printed in Japan